工业过程安全：
案例分析与风险管理策略

臧小为　著

中国石化出版社
·北京·

图书在版编目(CIP)数据

工业过程安全：案例分析与风险管理策略/臧小为著. —北京：
中国石化出版社，2023.11
ISBN 978-7-5114-7353-0

Ⅰ.①工…　Ⅱ.①臧…　Ⅲ.①工业安全-安全管理
Ⅳ.①X931

中国国家版本馆 CIP 数据核字(2023)第 222122 号

中国石化出版社出版发行
地址:北京市东城区安定门外大街 58 号
邮编:100011　电话:(010)57512500
发行部电话:(010)57512575
http://www.sinopec-press.com
E-mail:press@sinopec.com
北京富泰印刷有限责任公司印刷
全国各地新华书店经销
＊
710 毫米×1000 毫米 16 开本 7.75 印张 152 千字
2023 年 11 月第 1 版　2023 年 11 月第 1 次印刷
定价:68.00 元

前　言

在 2010 年的七月，本书作者首次踏足俄罗斯，自此便与这片广袤的土地结下了深厚的情缘。俄罗斯不仅是一个充满魅力的国度，更是一个充满工业奇迹和挑战的地方。本书原定名《俄罗斯工业过程安全——现状、问题与思考》，旨在深入探讨其工业领域的安全管理。但受出版过程中的种种变故影响，最终更名为《工业过程安全：案例分析与风险管理策略》，这一更名不仅保持了内容的核心，还增加了其普遍适用性和实践指导价值。

此书选取俄罗斯工业过程安全作为研究对象，主要是因为俄罗斯在全球重工业领域的地位及其独特的工业过程安全挑战。在我国学术界，尽管对俄罗斯的研究主要集中在人文社科领域，对西方工业过程安全的关注相对较多，本书因此填补了这一领域的空白。俄罗斯在资源、科技、教育和人才等方面的实力，为其经济发展奠定了坚实的基础，但随之而来的工业事故风险也不容忽视。

本书依托俄罗斯政府官方数据和权威文献，对 21 世纪以来俄罗斯在石油、天然气、化工、煤炭、金属非金属矿业、冶金、兵器、民用爆炸物品、核电站和水工建筑物领域的事故进行统计分析，探讨特定行业的过程安全现状。本书旨在揭示各类事故的成因、特征及安全监管问题，为相关行业的过程安全状况形成新认识。

采用系统性研究方法，本书结合定量和定性分析，科学严谨地审视俄罗斯工业事故，关注安全监管在事故预防中的角色，并讨论其在事故风险管理中的作用。书中第 1 章概述俄罗斯工业概况和过程安全现状，第 2 章分析石油、天然气及化工事故。第 3 至 9 章分别深入煤炭、金属非金属矿业、冶金、兵器、民用爆炸物品、核电站和水工建筑物安全生产与监管。通过对这些行业的综合研究与分析，多角度审视俄罗斯工业过程安全现状，并提出相应的问题与思考。

本书的出版旨在为读者提供关于俄罗斯工业过程安全的较全面和深入的视角，为中国工业安全管理提供参考，为促进中国工业本质安全化管理水平提升和可持续发展贡献微薄力量。同时，通过对事故的统计分析和思考，强调安全管理的重要性，探索防范事故风险的路径。最后，期望本书能够深化读者对俄罗斯工业的了解，为未来中国与俄罗斯科技合作和交流提供一些思考和启发。南京工业大学安全科学与工程学院臧小为博士担任主编，负责全书编写与统稿。南京工业大学在出版方面提供了支持和帮助。感谢南京工业大学安全科学与工程学院领导和老师们的支持和帮助。在编写过程中，参考了众多国内外文献，对文献原作者表示感谢。同时，感谢中国石化出版社和编辑团队的专业支持和协助。

衷心感谢生命旅程中两位至关重要的导师 – 俄罗斯门捷列夫化工大学的 E. V. Yurtov 教授和南京理工大学的沈瑞琪教授。他们的不懈指导、深刻教诲和无私帮助，对我的成长和学术道路产生了深远影响。特别是已故的 E. V. Yurtov 教授，他留给我的宝贵知识和智慧将永远铭记在心。感谢两位导师，您们的教导如同灯塔，照亮了我的前行之路。

由于编者水平有限，书中难免存在疏漏和不足之处，敬请广大读者提出批评和宝贵意见，以便于再版时进行修改完善。

编者

2023 年 7 月于南京

目　　录

1 绪 论

1.1 俄罗斯工业概况

俄罗斯横跨欧亚大陆,是全世界国土最辽阔的国家。自苏联解体后,作为苏联最大的加盟共和国和政治经济核心,俄罗斯政治、经济和社会发展总体稳定,并在国际事务中扮演重要角色。尽管面临 2020 年新冠疫情等挑战,俄罗斯经济经历了一系列"压力测试",成功扭转危机局面,国民经济实现了恢复性增长。

俄罗斯具有巨大的经济发展潜力,其"硬实力"包括丰富的土地、油气、森林和淡水资源(表 1-1),而"软实力"则涵盖科技、教育和人才等领域,这些均构筑了其经济发展的坚实基础。根据 2021 年数据,俄罗斯的 GDP 总量为 1.8×10^{12} 美元,在全球居第 11 位,但按购买力平价计算的国民经济总量则居世界第 6 位。然而,俄罗斯也面临一些困难,尤其是受到乌克兰危机影响,以及美国等西方国家对其实施的全面制裁,这使得俄罗斯未来的经济发展面临更多不确定性。

表 1-1 俄罗斯储量居全球前列的矿产资源

矿产资源	储量及排名
天然气	已探明蕴藏量为 $37.8 \times 10^{12} m^3$,占世界探明储量的 28%,居世界第 1 位
石油	探明储量为 $252 \times 10^8 t$,占世界探明储量的 5%
煤	蕴藏量为 $1621 \times 10^8 t$,居世界第 2 位
铁矿石	蕴藏量为 $650 \times 10^8 t$,约占世界蕴藏量的 40%,居世界第 1 位
铝	蕴藏量为 $4 \times 10^8 t$,居世界第 2 位

矿产资源	储量及排名
铀	蕴藏量占世界探明储量的 14%
黄金	储量为 1.42×10^4 t，居世界第 4 位至第 5 位
磷灰石	占世界探明储量的 65%
镍	蕴藏量为 1740×10^4 t，占世界探明储量的 30%
锡	占世界探明储量的 30%
铜	储量为 8350×10^4 t
钾盐	储量与加拿大并列世界首位

俄罗斯矿产资源主要由本国大型国企和大型民企进行开采，其中包括俄罗斯天然气工业股份公司、俄罗斯石油公司、卢克石油公司、诺瓦泰克公司、俄铝集团等。根据 2022 年美国《财富》500 强榜单，俄罗斯有 4 家企业入选，分别是俄罗斯天然气工业股份公司（Gazprom）、俄罗斯卢克石油公司（OAO Lukoil Holdings）、俄罗斯石油公司（Rosneft Oil）和俄罗斯联邦储蓄银行（SBERBANK）。

俄罗斯石油天然气工业、冶金行业和国防工业是俄罗斯工业的重点和特色产业。石油价格是俄罗斯国家财政预算制定的重要依据。2021 年，俄罗斯石油（包括凝析油）的开采量为 5.24×10^8 t，同比增长 2.2%；石油出口量为 2.3×10^8 t，同比下降 3.8%。当年，俄罗斯天然气的开采量为 7623×10^8 m³，同比增长 10%；天然气出口量为 2044×10^8 m³，同比增长 0.9%。在俄罗斯石油天然气行业中，主要企业包括俄罗斯天然气工业股份公司（Gazprom）、俄罗斯卢克石油公司（OAO Lukoil Holdings）、俄罗斯石油公司（Rosneft Oil）、苏古特石油天然气股份公司（Surgut – neftegas）、俄罗斯石油运输公司（Transneft）等。

冶金产品是俄罗斯主要的出口商品之一，根据出口创汇额来看，冶金行业占俄罗斯所有行业创汇额的 10.4%，仅次于燃料动力综合体，居第 2 位。在俄罗斯冶金行业中，主要企业包括诺里斯克镍业公司（Norisk Nickel's）、俄罗斯铝业联合公司（Rusal）、北方钢铁公司（Severstal）等。俄罗斯国防工业拥有较为完整的设计、研发、试验和生产体系，部门齐全，是全球少数几个能够生产海、陆、空、天武器和装备的国家之一。面对国内装备更新速度有限的情况，俄罗斯国防工业积极发展对外合作与出口。

1.2　工业生产与过程安全

1.2.1　过程工业生产的特点

过程工业作为国民经济和社会发展的支柱产业，在国民经济中扮演着至关重要的角色。俄罗斯是全球门类齐全且规模庞大的过程工业大国，特别是在重工业领域，俄罗斯过程工业的生产工艺、生产装备和生产自动化水平均达到了世界先进水平。然而，值得关注的是，与西方发达国家相比，俄罗斯过程工业单位的 GDP 能耗、物耗和污染物排放仍存在差距。同时，高端制造水平不足和智能制造程度较低的局面尚未得到根本改变，因此整体上俄罗斯仍未达到过程工业强国的水平。

过程工业企业的生产计划编制和调度策略制定是一个复杂的迭代过程，需要统筹考虑人、机、物、能源以及时间和空间等各种生产要素，并提出可行的组织和实施方案。过程工业具有明显的特点：原料变化频繁，工况波动剧烈；生产过程涉及物理化学反应，机理复杂；生产过程连续进行，任何一个工序出现问题均影响整个生产线和最终产品的质量；原料成分、设备状态、工艺参数和产品质量等要么无法实时检测，要么无法全面检测。这些特点使得过程工业面临着测量（数字化）难、建模难、控制难和优化运行难的突出问题。设备控制系统指令仍然依赖于知识型工作者的指定，自动化程度较低；大多数设备监控系统只能提供工况异常的报警功能，缺乏故障诊断能力，并且与控制系统缺乏一体化设计，无法实现在故障情况下的自愈控制，存在安全运行的隐患。此外，生产工艺参数选择和生产流程变更仍然依赖于知识型工作者的完成，实时性差、反应缓慢且很难达到最优水平。

过程工业在生产过程中具有易燃易爆、高温高压、连续作业等特点，生产流程长、工艺复杂、危险性大，稍有不慎就可能引发事故，对员工生命和企业财产造成严重威胁。近年来，全球范围内的重大安全生产事故频繁发生，其中大部分是由于过程工业生产过程中存在操作不规范、管理不彻底和技术跟不上等问题。因此，过程工业安全生产已成为当今全球广泛关注的热点之一。

1.2.2 过程安全生产管理

当前过程工业中使用的设备和仪表众多，信息数据分散在不同的系统，然而跨系统的数据对比分析、关联计算却难以实现，严重影响事故原因的确认和事故的紧急处理。例如，随着分布式控制系统(DCS)的普遍应用，设置的报警越来越多。据统计，每一位操作员需要应对的报警组态众多，但操作人员数量和精力有限，过多报警使操作员疲于应对，而忽略真正需要紧急处理的关键报警，不能及时处理异常情况，导致产量降低、质量下降和紧急停车，严重时甚至会导致事故发生。

另外，大量中小企业生产设施简陋、人员依赖性强、技术装备和管理方法落后，对重大安全隐患(如设备腐蚀、泄漏)缺少科学有效的监测，对危险源识别和分析缺少科学的评估及跟踪。企业对装置缺少科学分析，对易腐蚀、易泄漏点缺少实时监测系统。此外，在过程工业开停车或工况切换过程中，由于操作人员新老更替、操作水平良莠不齐、操作步骤不规范等原因，可能造成物料过度损耗、设备损坏，甚至引发生产事故。

安全生产管理是过程安全工业中事故风险防范的重要组成部分。安全生产管理旨在通过有效的资源运用，充分发挥人们的智慧，实施决策、计划、组织和控制等活动，实现生产过程中人与机器设备、物料、环境和谐，达到安全生产的目标。其目标在于减少和控制危害、事故的发生，尽量避免生产过程中由事故所引起的人身伤害、财产损失、环境污染以及其他损失。安全生产管理涵盖行政管理、监督检查、工艺技术管理、设备设施管理、作业环境和条件管理等方面。其基本对象是企业的员工，涉及企业中的所有人员、设备设施、物料、环境、信息等各个方面。安全生产管理的内容包括安全生产管理机构和安全生产管理人员、安全生产责任制、安全生产管理规章制度、安全生产策划、安全生产教育培训等。

1.3 过程安全工业理论及技术发展

1.3.1 过程安全事故分析

过程工业事故风险评估是对具有危险性特征系统所造成的影响或后果进行必

要和系统评估的过程，以评估人类活动对该系统的影响。该评估旨在维持完善的安全管理体系和辅助可持续流程设计，并可通过过去事故的调查与分析实现上述目标。事件/事故调查和分析是安全管理的关键因素。组织机构开展事故调查的首要目的是防止类似事件的发生，以及寻求在健康和安全管理方面的普遍改进。

工业事故调查与分析的历程伴随着工业革命的发展而展开，尤其是系统性的事故分析则始于 20 世纪五六十年代。该领域的发展经历了 4 个主要阶段：单一原因—结果阶段、多原因—结果阶段、系统化分析阶段以及产业化发展阶段。事故调查与分析逐步从仅仅查找事故直接原因的单一目的，发展至目前查找事故根本原因、分析原因、制定措施、监督执行等多重目标的复杂过程。此领域已演化为一门学科和一种职业，其理论和方法亦由最初的单方面、表面、短期发展为全面、深入和系统化的状态。

早在 1931 年，美国的海因里希(W H Heinrich)在 *Industrial Accident Prevention* 一书中提出了崭新的事故发生理论——因果连锁理论。该理论的出发点是认为任何事故的发生背后必然存在着一系列原因。然而，该理论仅涉及了直接原因与可见结果之间的简单(表面)的因果关系。虽然因果连锁理论为事故调查提供了明确的路径，但其阐述的原因与结果仅限于直接的单一关系。

具体而言，企业应制定安全事件管理制度，加强对未遂事故等安全事件(包括生产事故征兆、非计划停车、异常工况、泄漏、轻伤等)的管理。同时，建立未遂事故和事件报告激励机制。深入调查分析安全事件，找出其根本原因，及时消除人的不安全行为和物的不安全状态，并吸取事故(事件)教训。在事故(事件)调查完成后，企业应及时落实防范措施，并组织开展内部分析交流，以吸取事故(事件)教训。此外，要高度重视外部事故信息收集工作，认真吸取同类企业、装置的事故教训，以提高安全意识和防范事故的能力。

1.3.2 过程安全理论新进展

事故调查与根源分析是安全管理的起点。通过对事故的调查和基于管理系统的分析，从关键事件、直接原因到间接原因进行深入挖掘，以揭示管理系统的缺陷，从而识别安全风险，对安全管理进行系统的诊断，进而完善系统的安全管理。在 20 世纪中期，随着世界科技的迅猛发展，工业灾难不断发生，使各国科学家逐渐形成了在源头消除危险的研究思路，并提出了本质安全的理念。英国安全专家 Trevor Kletz 于 1977 年首次提出了化工过程本质安全(Inherent safety)的概念。目前，化工过程本质安全化指采用无毒或低毒原料替代有毒或剧毒原料，采用无危害或危害性较小、符合安全卫生要求的新工艺、新技术、新设备。

近年来，随着互联网和物联网的迅速发展，大量的案例和情景可以采用二维及更高维度的数据形式进行监测记录和组织管理。数据存储量级也从 PB 级向 ZB 级迈进，同时基于大数据科学的管理模式和方法体系兴起，成为当今时代最重要的科技变革之一。在这种背景下，以多学科交叉、宽领域融合为特点的安全与应急管理学科也面临新的形势和机遇。特别是海量数据挖掘及人工智能等学科的发展，为综合研判相关基础科学和管理方法的新发展提供了变革契机。

1.3.3　俄罗斯过程安全高等教育与科学研究

俄罗斯是全球重要的工业国家之一，其工业生产涵盖众多领域，如石油天然气、化工、冶金、核能等。在人类历史上，俄罗斯曾经发生严重的工业安全事故，如 1986 年的切尔诺贝利核电站事故和 2009 年的萨杨 – 舒申斯克水电站事故等。为确保工业生产的安全性和可持续性，俄罗斯重视过程安全高等教育与科学研究。

俄罗斯过程安全教育起源于苏联时期，当时主要侧重于军事和核能领域的安全培训。随着俄罗斯工业的发展，以及苏联解体后西方企业进入俄罗斯市场，过程安全在其他行业的重要性日益突显，促使相关高等教育逐步扩展。1991 年苏联解体后，俄罗斯国内产业结构逐渐多样化，过程安全领域涵盖了更广泛的工业和制造业。过程安全高等教育也随之演变，涵盖工程技术、环境保护、应急响应等多个方面。

目前，俄罗斯在过程安全高等教育方面取得了显著进展。然而，需要指出的是，与欧美国家相比，俄罗斯过程安全高等教育自成体系。俄罗斯众多知名高等教育机构设立了过程安全专业，培养了大量专业人才。这些学校通常提供理论课程和实践训练，确保学生全面了解危险品处理、安全设施操作和事故应急处理等技能。此外，工业企业也逐渐意识到过程安全的重要性，积极投资培训内部员工，提高内部过程安全管理水平。

俄罗斯在过程安全研究方面进行了大量的科学研究，涵盖了许多关键领域。其中，重点研究包括危险品泄漏预防与控制、事故案例分析与经验总结、安全设施改进与创新等。例如，2018 年俄罗斯科学院谢苗诺夫化学物理研究所首次在俄罗斯创办了名为《化工安全》的学术期刊。在过程安全管理方面，俄罗斯学者提出了一系列有效的管理模式和评估方法，不断优化工业生产中的安全操作。这些研究成果不仅在俄罗斯国内得到应用，也为国际工业界提供了有价值的参考。

展望未来，俄罗斯过程安全教育与研究将持续蓬勃发展。随着科技的进步，虚拟仿真技术、人工智能等将在过程安全培训中得到更广泛的应用，培训的实效性和针对性随之提高。同时，跨学科合作也将成为未来的发展趋势，结合工程技术、心理学、社会学等多个学科，进一步提高过程安全教育的整体水平。此外，随着俄罗斯走向智能制造，过程安全将更加注重与先进制造技术的融合，促进工业生产的高效、安全发展。同时，与国际合作与交流也将进一步促进全球过程安全水平的共同提高。

参考文献

[1] Федеральная служба государственной статистики（Росстат）. Россия в цифрах 2008 – 2022 ［R/OL］. http：//www. gks. ru/wps/wcm/connect/rosstat_ main/rosstat/ru/statistics/publications/catalog/doc_ 1135075100641.

[2] 中国驻俄罗斯大使馆经济商务处. 对外投资合作国别（地区）指南，俄罗斯（2022 版）［M］. 北京：商务部国际贸易经济合作研究院，2023.

[3] FORTUNE. FORTUNE RELEASES ANNUAL FORTUNE GLOBAL 500，2022 ［R/OL］. https：//fortune. com/ranking/global500/.

[4] 丹尼尔 A 克劳尔，约瑟夫 F 卢瓦尔，蒋军成. 化工过程安全理论及应用［M］. 北京：化学工业出版社，2006.

[5] 冀成楼，张宏. 工业事故调查和分析的发展历程及趋势［J］. 中国安全生产科学技术，2011，7(6)：151 – 155.

[6] HEINRICH H W. Industrial accident prevention：A scientific approach［M］. London：McGraw - Hill Book Company，1931：1 – 10.

[7] KLETZ，T A. (1978) What you don't have，can't leak［J］. Chemical Industry，10：287 – 292.

[8] KLETZ，T A. (2003) Inherently safer design—Its scope and future［J］. Process Safety and Environmental Protection，2003，81：401 – 405.

[9] 臧小为，沈瑞琪，YURTOV E V. 2012—2018 年俄罗斯副博士人才培养的反思与变革［J］. 河北工程大学学报：社会科学版，2019，36(4)：125 – 128.

2　俄罗斯石油天然气及化学工业过程安全

2.1　引言

事故统计是研究事故规律的重要方法，通过对相关数据进行梳理、统计及分析，找出同类事故频发的原因，从而对事故原因进行调查、事故机制进行分析以及控制同类事故的发生提供指导作用。吴宗之等对 2006～2010 年中国危险化学品事故进行了统计分析。叶永峰等统计了 1974～2010 年中国发生的造成重大伤亡或重大影响的化工企业典型安全事故。关文玲等对 2001～2006 年中国化工企业发生事故的设备、事故介质进行分析，对设备发生事故的规律以及事故介质的分布特征进行了总结。

石油天然气及化学工业是俄罗斯和中国国民经济最重要的组成部分之一，同时也属于俄罗斯和中国重大工业事故多发的行业。杜红岩等按照事故级别、所属板块、事故类型、事故时间、涉及的化学品、发生国家，对 2011 年和 2012 年国内外石油化工行业发生的死亡 1 人以上的事故进行了统计分析，研究了事故动态和趋势。卢均臣等收集了 2012 年欧美发达国家发生的 319 起炼油与化工事故，从事故时间、事故类型、事故装置、事故工艺等多角度对事故进行统计分析，揭示事故特点与规律，并提出预防事故发生的建议措施。目前俄罗斯石油天然气年产量在全球处于绝对领先的地位，俄罗斯原油一次加工能力约为 $2.8 \times 10^8 t/a$，居美国和中国之后。此外苏联在 20 世纪 60 年代至 90 年代创建的天然气、原油和成品油管道系统在长度和运输能力上无疑是 20 世纪最大的工程之一，也是俄罗斯的经济命脉。毫无疑问，俄罗斯庞大的石油天然气及化学工业也面临着较大的安全环保压力。本章基于俄罗斯联邦国家统计局(Росстат)统计年鉴，俄罗斯联邦环境、技术与原子能监察署(Ростехнадзор，以下简称"俄罗斯技监署")和俄罗斯联邦紧急情况部(МЧС России)年度报告等官方统计数据，以2008～2017年俄罗斯石油天然气与化学工业事故为统计分析对象，针对事故数量、事故类型、事故死亡人数、事故地区分布等要素进行梳理、统计和分析，总结、提炼俄罗斯石油天然气及化学工业事故及人员伤亡的主要原因。

2.2 俄罗斯各类事故的总体情况

在俄罗斯，广义的事故(包括核事故、军事工业事故、恐怖袭击等)被定义并命名为紧急状况(Чрезвычайная ситуация)。按照紧急状况的性质，分为技术类(Техногенные)、自然灾害类(Природные)、生物 – 社会类(Биолого – социальные，如大规模突发性传染病)、恐怖袭击类(Террористичские акты)4大类。每一类紧急状况细分为不同类型的事故(Авария)。如2017年俄罗斯境内发生的技术类紧急状况包括核、放射性物质及装置事故、石油天然气及化学工业事故、冶金与焦化工业事故等11类事故(表2－1)。

表2－1 2017年俄罗斯技术类紧急状况

序号	技术类紧急状况
1	核、放射性物质及装置事故
2	采矿工程及矿山测量(包括煤矿、金属非金属矿)事故
3	石油天然气开采事故
4	石油天然气管道运输及储存事故
5	石油化工及石油天然气加工工业事故
6	天然气气体输送和使用设施事故
7	化学工业事故
8	危险物质运输事故
9	军事工业及民爆物品生产、储存及应用事故
10	冶金与焦化工业事故
11	其他事故

2008～2017 年俄罗斯紧急状况总数及不同性质紧急状况数量等信息如图2-1所示。为了便于理解，将俄罗斯"紧急情况"概念统一为"事故"。与 2008 年相比，2017 年事故总数下降了 88.1%，技术类事故数量下降了 91%。由图2-1(a)可知：除 2008 年和 2010 年恐怖袭击数量达 21 起外，2009～2017 年俄罗斯安全生产状况总体平稳，各类事故数量波动不大；技术类事故占比最高，如 2008 年技术类事故占比为 91.2%，2009 年占比为 61.8%，2017 年占比为 68.5%。此外技术类事故导致的死亡人数最多。由图2-1(b)可知：2008 年技术类事故死亡人数占比为 99.2%，2009 年和 2017 年分别为 93.2% 和 91.2%；2008～2017 年俄罗斯技术类事故数量较多，造成的人员伤害较大。

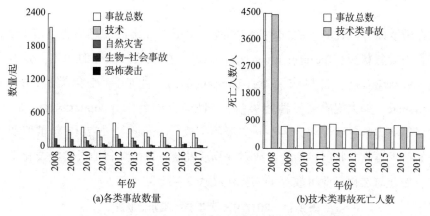

图 2-1　2008～2017 年俄罗斯各类事故总体情况

现阶段俄罗斯联邦设立 8 个联邦管区(Федеральный округ)，共下辖 85 个联邦主体(包括市、州、边疆区、共和国、自治州、自治区 6 种类型)，其中莫斯科市、圣彼得堡市、塞瓦斯托波尔市 3 座城市属于俄罗斯联邦直辖市。数据统计显示，2008～2017 年，伏尔加联邦管区、中央联邦管区、西伯利亚联邦管区及南部联邦管区是俄罗斯技术类事故主要发生地区。上述地区一直属于俄罗斯主要的工业基地，根据俄罗斯联邦国家统计局公布的 2017 年俄罗斯各联邦管区地区生产总值排名情况，第 1 位为中央联邦管区(26.16×10^{12}₽)(₽，货币符号，卢布)，第 2 位为伏尔加联邦管区(11.03×10^{12}₽)。中央联邦管区(包括莫斯科市)是俄罗斯经济和战略中心，俄罗斯联邦超过 30% 的人口生活在该区域，人口密度大(60 人/km^2)，各类工业企业众多。此外，俄罗斯的石油天然气工业多集中分布在伏尔加联邦管区、西伯利亚联邦管区、南部联邦管区，伏尔加联邦管区拥有500多家危险化学品生产单位。由此可以看出，俄罗斯技术类事故的相关指标与俄罗斯各地区经济社会发展状况存在一定的正相关性。

2.3 俄罗斯石油天然气与化学工业事故

俄罗斯技术类事故包括其国民经济绝大部分生产和生活领域事故，如石油天然气与化学工业，同时也包括航空业、军事工业和核、放射性物质及装置事故。由图2-2可以看出：除2008年以外，俄罗斯石油天然气及化学工业事故数量占技术类事故总数比例较高，如2010年高达60.7%，2015年占比为52.5%，2016年占比为35.4%，为历年最低。值得注意的是，俄罗斯石油天然气及化学工业事故死亡人数占技术类事故总死亡人数较低，如2010年、2015年及2016年占比分别为6.7%、6.9%及4.2%。相比较而言，近年来中国石油天然气及化学工业重特大事故频发，如2015年青岛"11·22"中国石化输油管线泄漏事故、2017年江苏连云港聚鑫生物科技有限公司"12·9"爆炸事故等。据不完全统计，仅2017年中国化工行业事故203起，死亡238人，安全生产形势严峻。

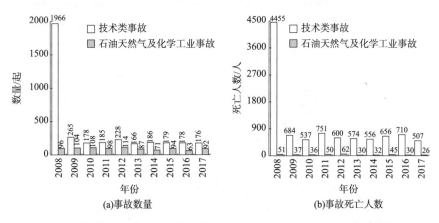

图2-2 2008~2017年俄罗斯石油天然气与化学工业事故基本情况

2.3.1 石油天然气开采工业事故情况

俄罗斯是世界上为数不多的石油天然气生产兼出口大国。由图2-3(a)和图

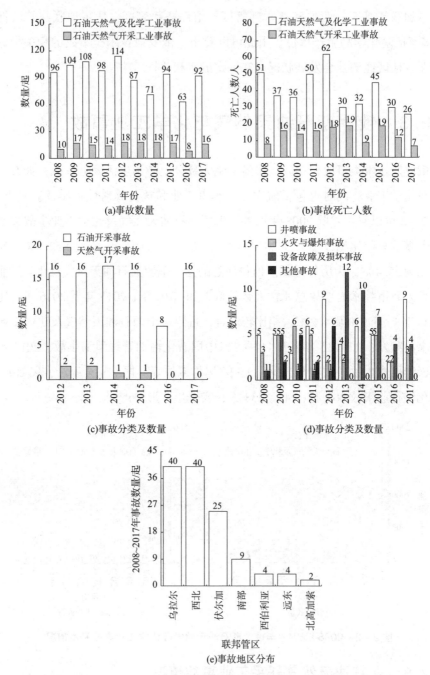

图 2-3 2008~2017 年俄罗斯石油天然气开采工业事故基本情况

注：（c）2008~2011 年数据不详。

2-3(b)可以看出，2008~2017年俄罗斯石油天然气开采工业事故数量占石油天然气及化学工业事故总数量的比例较低(10.4%~25.4%)，但是该事故导致的死亡人数较多(所占比例为15.7%~63.3%)。如2013年俄罗斯石油天然气开采工业事故数量占比为20.7%，而死亡人数占石油天然气及化学工业事故死亡总人数的比例高达63.3%。由图2-3(c)和图2-3(d)可知，与天然气开采过程相比，石油开采过程发生事故概率更大，如2016年和2017年石油开采事故占比为100%，所以在石油天然气开采过程中需重点关注石油开采过程安全。由图2-3(d)可知，导致石油天然气开采工业事故的众多原因中，井喷事故、火灾与爆炸事故、设备故障及损坏事故是俄罗斯石油天然气开采工业主要的事故分类。由图2-3(e)可以看出，2008~2017年俄罗斯石油天然气开采工业事故主要发生在乌拉尔联邦管区、西北联邦管区、伏尔加联邦管区及南部联邦管区，这与上述地区一直属于俄罗斯传统的石油天然气工业集中区有关。

当石油天然气开采工业事故发生时，尤其是井喷和火灾爆炸事故，会造成重大的财产损失和严重的人员伤亡。如2003年12月23日，重庆开县(今开州区)发生国内乃至世界罕见的天然气特大井喷事故，而且这次事故属于责任事故。由表2-2可知，在导致俄罗斯石油天然气开采工业事故人员伤亡的多种原因中，高处坠落、设备伤害、灼烫(热作用)等均属于主要的有害因素。由此可以看出，为了保障石油天然气开采时人员作业安全，应从工艺、操作、管理制度等多方面全面考虑，切实提高石油天然气开采工业的本质安全化水平。

表2-2 2012~2017年俄罗斯石油天然气开采工业事故人员死亡原因 人

年份	灼烫(热作用)	高处坠落	中毒与窒息	爆炸	设备伤害	触电	其他原因
2012	1	7	4	0	2	0	5
2013	1	3	0	1	3	1	9
2014	2	0	0	1	2	0	4
2015	4	2	2	1	3	0	7
2016	2	2	0	1	1	0	6
2017	2	1	0	0	4	0	0

2.3.2 石油天然气管道运输及储存事故情况

20世纪80年代苏联就建成了全苏统一供气网，将其生产的天然气输送到境内境外的各个角落。由图2-4(a)和图2-4(b)可知：俄罗斯石油天然气管道运输及储存事故近十年来呈逐年减少趋势，石油天然气管道运输及储存事故数占石油天然气及化学工业事故总数量的比例为6.5%~26.9%；导致的死亡人数较少（占石油天然气及化学工业事故死亡总人数的比例为0~8.3%），如2017年事故数量及死亡人数占比分别为6.5%和7.7%。由图2-4(c)可以看出，2008~2017年俄罗斯石油天然气管道运输及储存事故主要发生在乌拉尔联邦管区、伏尔加联邦管区、中央联邦管区及南部联邦管区。由图2-4(d)可知，虽然2008~2017年石油天然气管道运输及储存事故总数量减少，但是输气管道事故占比较高（57.1%~100%）。如2014年、2016年和2017年占比分别为100%、81.8%和83.3%，输气管道是俄罗斯石油天然气管道运输及储存工业的薄弱环节。

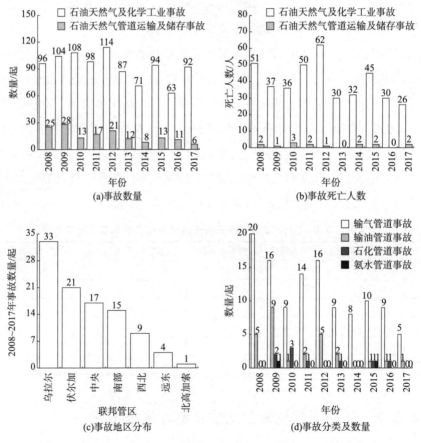

图2-4 2008~2017年俄罗斯石油天然气管道运输及储存事故基本情况

由图 2-5(a)可以看出，2008~2017 年，俄罗斯输气管道长度保持缓慢增长态势，2009 年俄罗斯输气管道长度为 16.6×10^4 km，2016 年为 18.84×10^4 km。总的来说，2008~2017 年俄罗斯输气管道事故及事故/管道长度均呈下降趋势。由图 2-5(b)可知，2008~2017 年俄罗斯输气管道事故主要由管道腐蚀破坏、管道施工、建造缺陷引起。上述事故原因与输气管道老化(超期服役)、缺乏必要的保养和维护有关。俄罗斯绝大部分石油天然气管道系统在 20 世纪 60~80 年代修建，到目前为止 40% 的管道服役年龄超过了 30 年(表 2-3)。因此，对于中国的输气管道系统，应尽量避免输气管道系统超期服役现象，同时应利用先进的诊断、监测、检修和改造技术，加强对输气管道状况的实时安全监控，并构筑在线预警系统。

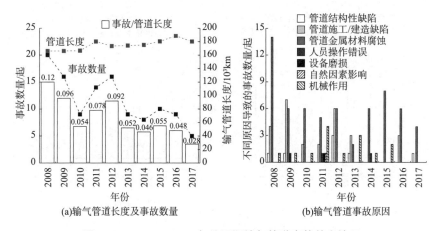

图 2-5 2008~2017 年俄罗斯输气管道事故基本情况

表 2-3 2012~2014 年输气管道服役年龄对输气管道事故的影响　　%

事故类型	输气管道服役年龄			
	0~10 年	>10~20 年	>20~40 年	>40 年
按事故数量	3	6	66	25
按事故经济损失	1	13	61	25
按气体泄漏量	0.03	9	52	39

2.3.3 石油化工及石油天然气加工工业事故情况

由图 2-6(a)可以看出：2008~2017 年俄罗斯石油化工及石油天然气加工工

业事故数量波动较小，其事故数量占石油天然气及化学工业事故总数量的比例为
12.5%~28.6%；事故死亡人数占石油天然气及化学工业事故死亡总人数的比例为
13.3%~46.2%。如2014年、2015年、2016年和2017年事故数量占比分别为
26.8%、20.2%、28.6%和20.7%，死亡人数占比分别为34.4%、15.6%、40%和
46.2%。由图2-6(c)和图2-6(d)可以看出，在石油化工及石油天然气加工工业
事故中，石油天然气加工工业发生的事故比例最高，导致的人员伤亡情况较为严
重，中国相关行业需加强重视石油天然气加工工业中的安全生产问题。由图2-6
(e)可以看出，2008~2017年俄罗斯石油化工及石油天然气加工工业事故主要发生
在伏尔加联邦管区，其次为西伯利亚、南部联邦管区及中央联邦管区等，上述现象
跟伏尔加联邦管区一直属于俄罗斯传统的石油化工处理和制造中心直接相关。

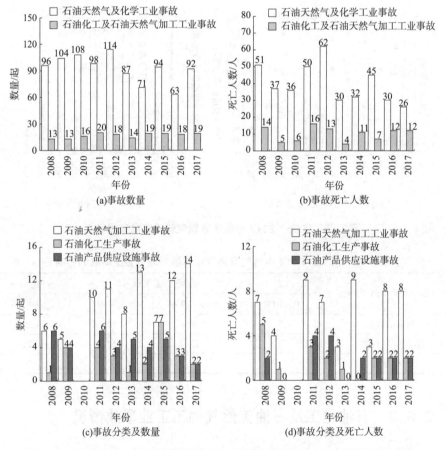

图2-6　2008~2017年俄罗斯石油化工及石油天然气加工工业事故基本情况

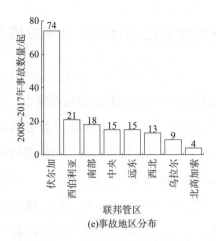

(e)事故地区分布

图 2-6 2008~2017 年俄罗斯石油化工及石油天然气加工工业事故基本情况(续)

由图 2-7(a)可以看出,爆炸事故、火灾事故以及危险物质泄漏事故是俄罗斯石油化工及石油天然气加工工业事故主要分类,这跟石油化工及石油天然气加工工业生产过程、使用及制造介质的特点直接相关。同时在导致人员伤亡的原因中,灼烫(热作用)导致的死亡人数较多[图 2-7(b)]。在中国石油化工及石油天然气加工工业生产过程中,应采用相应的技术和管理措施,保障极端危害条件下人员的热防护安全。

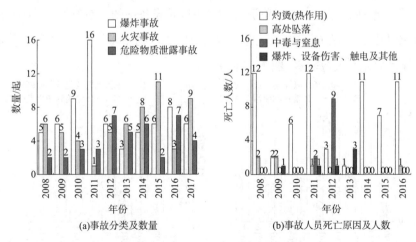

(a)事故分类及数量   (b)事故人员死亡原因及人数

图 2-7 事故分类及人员死亡原因

注:(b)2017 年数据不详。

2.3.4 天然气气体输送和使用设施事故情况

俄罗斯是世界上第2大天然气使用国。由图2-8(a)可以看出，2008~2017年俄罗斯天然气气体输送和使用设施事故数量波动较小，其天然气气体输送和使用设施事故数量占石油天然气及化学工业事故总数量的比例为29.6%~47.2%（仅2014年为29.6%），天然气气体输送和使用设施事故死亡人数占石油天然气及化学工业事故死亡总人数的比例为6.7%~30.6%。如2010年、2012年、2013年和2017年事故数量占比分别为47.2%、41.2%、46.0%和46.7%，死亡人数占比分别为11.1%、30.6%、6.7%和7.7%[图2-8(b)]。2008~2017年俄罗斯天然气气体输送和使用设施事故高发，这与2008~2017年俄罗斯输气管道事故变化规律相似。以2008年和2009年为例，由图2-8(c)可以看出：天然气气体输送和使用设施事故主要发生在伏尔加联邦管区、中央联邦管区及西北联邦管区等俄罗斯西部经济发达地区（属于欧洲部分）；而俄罗斯亚洲部分，如远东、乌拉尔及西伯利亚联邦管区事故较少，这是由于俄罗斯欧洲部分人口密度大，经济较发达，天然气输送和使用设施较多。由图2-8(d)可以看出，埋地输气管道的机械性破坏是俄罗斯天然气气体输送和使用设施事故的主要原因，其次为天然气运输车机械性破坏、自然现象引起的灾害以及设备中的天然气泄漏等原因。同时在导致人员死亡的原因中，天然气不完全燃烧产物中毒、爆炸效应及灼烫（热作用）导致的死亡人数较多[图2-8(e)]。

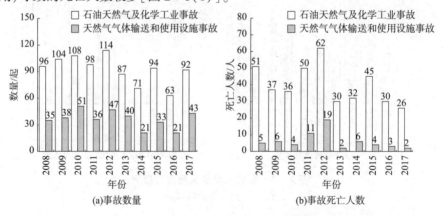

图2-8　2008~2017年俄罗斯天然气气体输送和使用设施事故基本情况

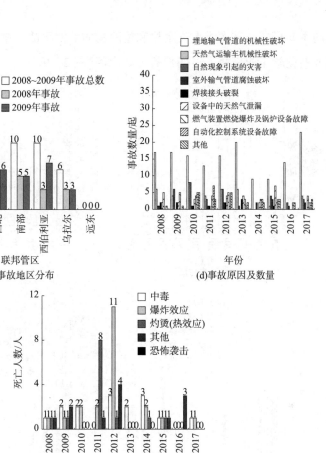

图2-8 2008~2017年俄罗斯天然气气体输送和使用设施事故基本情况(续)

2.3.5 化学工业事故情况

与俄罗斯石油天然气工业相比，俄罗斯化学工业规模相对较小。由图 2-9(a)和图2-9(b)可以看出：俄罗斯化学工业事故数量占比不高(占石油天然气及化学工业总事故数比例为 2.3%~11.7%)，这跟现阶段俄罗斯的化学工业规模有较大关系；该类型事故导致的死亡人数不多(占石油天然气及化学工业事故死亡总人数比例为 6%~39.2%)，值得注意的是，化学工业事故的危害不能忽视。如2008 年、2009 年、2015 年该类型事故导致人员死亡数量占比分别为 39.2%、24.3%、26.7%。由图 2-9(c)可以看出，爆炸事故是俄罗斯化学工

事故的主要模式，其次为火灾事故和危险物质泄漏事故。中毒与窒息、设备伤害
是俄罗斯化学工业事故人员伤亡的主要原因[图2-9(d)]。

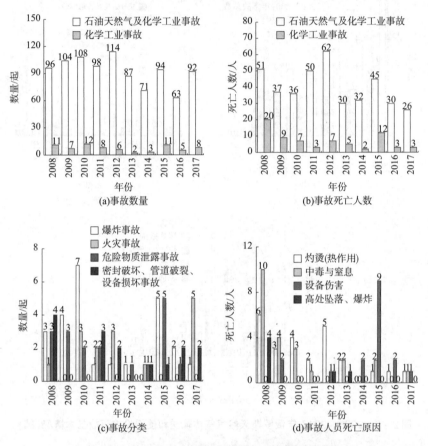

图2-9　2008~2017年俄罗斯化学工业事故基本情况

现阶段化学工业是中国的重要的产业门类，近年来中国化工行业，尤其是在
危险化学品生产、储存及使用领域事故频发，因此有必要了解和揭示俄罗斯化学
工业事故及人员死亡的主要技术和管理原因。通过数据统计和分析可知，导致俄
罗斯化学工业事故/人员伤亡的主要技术原因是生产经营活动中偏离设计要求及
工艺文件要求，主要管理原因是安全生产监管不力（图2-10）。一般来说，除用
于宇航/军工的特种化学外，化学工业不属于特别的高精尖生产领域，因此化学
工业的安全生产更多地需要提高产业工人的素质和企业的管理现代化水平。近年
来中国化工行业事故高发，中国化学工业事故原因在一定程度上与俄罗斯化学工

业事故原因存在相似之处。

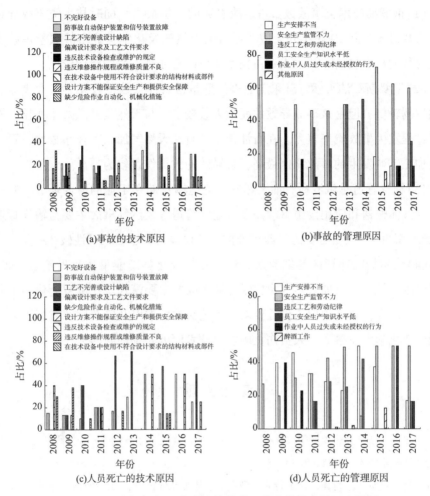

(a)事故的技术原因   (b)事故的管理原因

(c)人员死亡的技术原因   (d)人员死亡的管理原因

图2-10 2008~2017年俄罗斯化学工业事故及人员死亡原因

2.4 结论

俄罗斯石油天然气及化学工业是俄罗斯国民经济最重要的组成部分之一，同时也属于俄罗斯技术类事故多发的领域。本章基于俄罗斯公开出版和公布的俄文原始文献和官方统计数据，以 2008~2017 年俄罗斯石油天然气与化学工业事故为统计分析对象，针对事故数量、事故类型、死亡人数、地区分布、事故原因等进行讨论。主要结论如下。

(1)俄罗斯技术类事故数量占事故总数的比例最高，同时技术类事故导致的死亡人数最多；除2008年外，俄罗斯石油天然气及化学工业事故数量占技术类事故总数的比例较高，死亡人数占技术类事故总死亡人数的比例较低。

(2)俄罗斯石油天然气开采工业事故数量占石油天然气及化学工业事故总数量的比例较低，但是该事故导致的死亡人数较多。与天然气开采过程相比，石油开采过程发生事故概率较大。在石油化工及石油天然气加工工业事故中，石油天然气加工工业发生的事故比例最高，且导致的人员伤亡较为严重。

(3)输气管道是俄罗斯石油天然气管道运输及储存工业的薄弱环节。俄罗斯天然气气体输送和使用设施事故高发，输气管道等天然气事故主要与输气管道老化(超期服役)、缺乏必要的保养和维护、埋地输气管道的机械性破坏有关。

(4)伏尔加联邦管区是俄罗斯石油天然气及化学工业事故高发地区。爆炸、火灾事故是俄罗斯石油天然气及化学工业事故的主要模式。在俄罗斯化学工业事故中，生产经营活动中偏离设计要求、工艺文件要求以及安全生产监管不力是导致俄罗斯化学工业事故、人员伤亡的主要技术原因和管理原因。

参考文献

[1]吴宗之，张圣柱，张悦，等.2006—2010年我国危险化学品事故统计分析研究[J].中国安全生产科学技术，2011，7(7)：5.

[2]叶永峰，夏昕，李竹霞.化工行业典型安全事故统计分析[J].工业安全与环保，2012，38(9)：49.

[3]关文玲，蒋军成.我国化工企业火灾爆炸事故统计分析及事故表征物探讨[J].中国安全科学学报，2008，18(3)：103.

[4]杜红岩，王延平，卢均臣.2012年国内外石油化工行业事故统计分析[J].中国安全生产科学技术，2013，9(6)：184.

[5]卢均臣，王延平，袁纪武，等.2012年全球炼油与化工事故统计分析[J].安全、健康和环境，2014，14(2)：5.

[6]王海燕，赵巍，黄伟.俄罗斯炼油工业发展现状评析[J].国际石油经济，2014，22(5)：4.

[7]庞利萍. 俄罗斯：油气兼顾上下游并重：金砖国家化学工业透视之三[J]. 中国石油和化工，2012(6)：15.

[8]赵永涛. 俄罗斯油气管道运营状况及事故统计分析[J]. 化工安全与环境，2005，18(27)：10.

[9]Федеральная служба государственной статистики（Росстат）. Россия в цифрах 2008 – 2017［R/OL］. http：//www. gks. ru/wps/wcm/connect/rosstat_ main/rosstat/ru/statistics/publications/catalog/doc_ 1135075100641.

[10] Федеральная служба по экологическому，технологическому и атомному надзору（Ростехнадзор）. Отчет о деятельности Федеральной службы по экологическому，технологическому и атомному надзору в 2008 – 2017 году［R/OL］. http：//www. gosnadzor. ru/public/annual_ reports/.

[11] Министерство Российской Федерации по делам гражданской обороны，чрезвычайным ситуациям и ликвидации последствий стихийных бедствий（МЧС России）. Итоги деятельности МЧС России за 2008 – 2017 году［R/OL］. https：//www. mchs. gov. ru/activities/results.

[12] Межгосударственный совет по стандартизации，метрологии и сертификации. Безопасность в чрезвычайных ситуациях. Техногенные чрезвычайные ситуации. Термины и определения：ГОСТ 22. 0. 05 – 97（аутентичен ГОСТ Р 22. 0. 05 – 94）［S］. Москва：ИПК Издательство стандартов，2000.

[13]Глушковой В Г，Симагина Ю А. Федеральные округа России. Региональная экономика［М］. 3 – еизд. ，перераб. и доп. – М. КНОРУС，2013. 360с.

[14]ARISTOVA A，GUDMESTAD O T. Analysis of Russian UGS capacity in Europe［J］. International Journal of Energy Production and Management，2016，1(4)：313.

[15] ПОНКРАТОВ В В. Совершенствование налогообложения добычи нефти и газа в Российской Федерации［J］. Журнал экономической теории，2014，1：40.

[16]臧小为，沈瑞琪，YURTOV E V，等.2008—2017 年俄罗斯石油天然气及化学工业事故统计分析及启示[J]. 南京工业大学学报：自然科学版，2019，41(5)：593 – 602.

3 俄罗斯煤炭工业过程安全

3.1 引言

俄罗斯煤炭探明可采储量居世界前列。随着俄罗斯煤炭工业的发展，21世纪以来俄罗斯煤炭工业发生了多次特别重大的安全生产事故。近年来，中国煤炭工业快速发展的同时，行业重大安全事故也时有发生。通过事故统计揭示国内外煤炭工业事故发生的内在规律，从而防止类似事故再次发生，具有一定的现实意义。李运强等研究了1990~2007年俄罗斯煤矿死亡人数和死亡率变化趋势。为了进一步揭示21世纪以来俄罗斯煤炭工业事故发生的内在规律，本章基于俄罗斯联邦国家统计局统计年鉴、俄罗斯联邦环境、技术与原子能监察署和俄罗斯联邦紧急情况部年度报告等官方统计数据和俄文原始文献，以2008~2018年俄罗斯煤炭工业事故为统计分析对象，针对事故起数、事故分类、事故月份及地区分布等要素进行梳理、统计和分析，在此基础上总结并提炼现阶段俄罗斯煤炭工业事故以及安全监察监管的主要特征。

3.2 俄罗斯工业技术类事故的总体情况

在俄罗斯，广义上的事故(包括核事故、自然灾害事故、恐怖袭击等)均被定义并命名为紧急状况(Чрезвычайная ситуация)。按照紧急状况的性质，分为工业技术类(Техногенные)、自然灾害类(Природные)、生物 – 社会类(Биолого – социальные，如大规模突发性传染病)、恐怖袭击类(Террористичские акты) 4大类。每一类紧急状况细分为不同类型的事故(Авария)。基于最新的俄罗斯联邦紧急情况部年度报告，与 2008～2017 年相比，2018 年俄罗斯安全生产状况总体平稳，各类紧急状况数量波动不大。2018 年俄罗斯发生的各类紧急状况总数为 266 起，死亡人数为 717 人；其中工业技术类紧急状况数量、死亡人数占比分别为 71.43%、98.88%，俄罗斯工业技术类紧急状况数量占紧急状况总数的比例最大，同时工业技术类紧急状况导致的伤亡人数最多。中央联邦管区、伏尔加联邦管区、西伯利亚联邦管区及南部联邦管区是俄罗斯工业技术类紧急状况主要发生地区。俄罗斯工业技术类紧急状况地区分布与俄罗斯各地区经济社会发展状况存在一定的正相关性。上述研究发现与 2008～2017 年俄罗斯工业技术类紧急状况的具体情况相一致。为了便于理解，将俄罗斯"紧急状况"概念统一为"事故"，如工业技术类紧急状况/事故。

3.3　俄罗斯煤炭工业事故及安全监察监管现状

俄罗斯工业技术类事故包括核、放射性物质及装置事故，石油天然气及化学工业事故，民爆物品生产、储存、运输及作业事故，冶金焦化工业事故和煤炭工业事故等。据统计，2008～2018 年，2008 年俄罗斯煤炭工业事故及事故死亡人数在工业技术类事故中占比均最小，分别为 0.61% 和 1.2%；2010 年俄罗斯煤炭工业事故及事故死亡人数在工业技术类事故中占比均最大，分别为 12.4% 和 25.1%；2016 年上述数据分别为 4.5% 和 7.9%，2017 年分别为 1.7% 和 3.6%，2018 年分别为 2.6% 和 2.4%。

3.3.1　煤炭工业事故特点

俄罗斯煤炭探明可采储量仅次于美国，居世界第 2 位，2017 年俄罗斯煤炭产量居世界第 6 位，属于全球第 5 大煤炭消费国。与石油天然气相比，俄罗斯煤炭具有更绝对的资源储量优势，近年来新型煤化工将逐渐发展成为俄罗斯化工体系的重要组成部分。因此从长远来看，对于俄罗斯而言，煤炭表现出其他一次能源无法替代的战略意义。

目前俄罗斯开采的煤炭主要用于发电和炼焦，以 2018 年为例，俄罗斯煤炭应用领域分布和占比情况如下：发电占比为 78.6%，焦化工业占比为 21.4%。据统计，2008～2018 年俄罗斯露天煤矿和洗煤厂数量呈明显上升趋势，而井工煤矿数量逐年减少；与此相对应，2008～2018 年，俄罗斯煤炭总产量呈逐年增长趋势，其中露天煤矿煤炭年产量及其在煤炭总产量中的比例逐年提高，如 2018 年露天开采煤炭产量占比高达 75.3%，而井工煤矿煤炭年产量基本保持不变，由此可以看出俄罗斯煤炭工业中露天采煤占优势。此外俄罗斯煤炭生产效率持续提升，从业人员数量持续减少。与 2008 年的从业人数（208525 人）相比，2016 年（116245 人）减少了 44.3%，2017 年（135200 人）减少了 35.2%，2018 年（146900 人）减少了 29.6%。2016 年俄罗斯煤矿的回采工作面日产量和综采工作面的平均单位日产量分别达到 4612t 和 4867t，也比 2000 年分别增长了 4.3 倍和 3.7 倍。2008～2018 年其煤炭工业事故相关情况如图 3－1 所示。

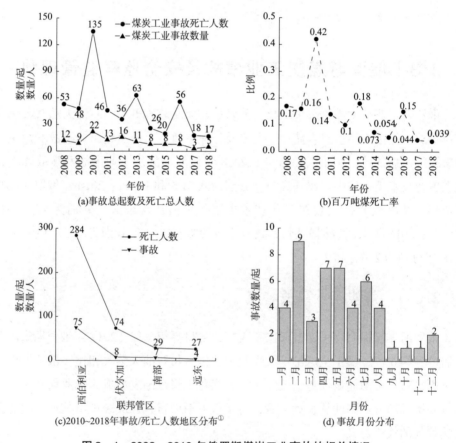

(a)事故总起数及死亡总人数

(b)百万吨煤死亡率

(c)2010~2018年事故/死亡人数地区分布①

(d)事故月份分布

图 3－1　2008～2018 年俄罗斯煤炭工业事故的相关情况

---

① 2008 年、2009 年数据缺失。

2008~2018 年，除 2010 年、2013 年和 2016 年由于发生严重的瓦斯煤尘爆炸事故导致大量人员伤亡外，俄罗斯煤炭工业安全生产状况总体持续好转，俄罗斯煤炭工业实现了事故总量、死亡人数及百万吨煤死亡率持续"3 个下降"，如图 3-1(a)、图 3-1(b) 所示。2018 年俄罗斯百万吨煤死亡率为 0.039，同时 2018 年煤炭总开采量超过了苏联时期的最高水平($439.3 \times 10^6 t$)，均创历史最高水平。

由图 3-1(c) 可以看出，西伯利亚联邦管区是俄罗斯煤炭工业事故主要发生地区，其次分别为伏尔加联邦管区、南部联邦管区和远东联邦管区等。上述现象与俄罗斯煤炭资源分布和开采现状有关。俄罗斯煤炭资源主要分布在乌拉尔山以东，以西西伯利亚(克麦罗沃州 – Кемеровская область)为主，其他包括南部联邦管区罗斯托夫州等地区。

由图 3-1(d) 可知，俄罗斯煤炭工业第 4 季度事故起数最少，其他 3 季度事故发生率相对较高。从月份上来看，俄罗斯法定节假日较多的 1、2 月份(冬季)事故起数较多，这可能跟假期前后企业安全管理薄弱、员工安全意识松懈有一定的关系。4~8 月煤炭工业事故起数在年事故总数中占比最大。上述月份属于一年当中俄罗斯绝大部分地区温度最高的月份，煤炭开采、洗选作业现场温度相对较高，尤其是在煤矿井下开展作业活动时，周围环境温度高，工作环境不舒畅，从业人员心情容易烦躁，此时由于技术原因或管理原因极易引起各类事故发生。图 3-2 为 2008~2018 年其煤炭工业事故及事故死亡人数分类情况。

虽然极个别年份相关数据缺失，但是由图 3-2(a)、图 3-2(b) 可以看出，俄罗斯煤炭工业事故及事故人员伤亡主要发生在井工煤矿，井下作业危害比较大，风险难以控制。例如，2010 年 5 月 8 日、9 日俄罗斯联邦克麦罗沃州 Распадская 井工煤矿 4h 内接连发生 2 起瓦斯爆炸事故，91 人丧生，其中包括 20 名救援人员；2013 年 1 月 20 日俄罗斯联邦克麦罗沃州 СУЭК – Кузбасс 公司第七号井工煤矿发生瓦斯爆炸，8 人丧生；2013 年 2 月 11 日俄罗斯联邦科米共和国 Воркутинская 井工煤矿发生瓦斯与煤尘空气混合物爆炸事故，19 人丧生；2016 年 2 月 25 日俄罗斯联邦科米共和国 Северная 井工煤矿发生瓦斯爆炸事故，36 人丧生。

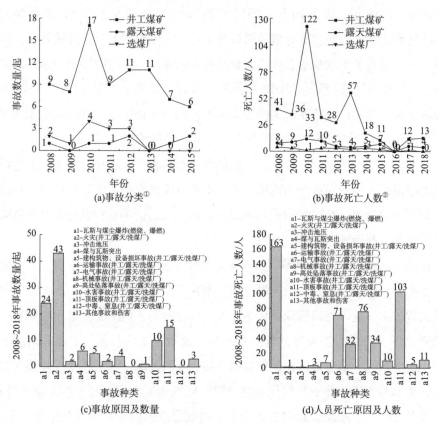

图3-2　2008～2018年俄罗斯煤炭工业事故及死亡人数分类情况

由图3-2(c)可以看出，俄罗斯煤炭工业事故类型主要包括火灾、瓦斯与煤尘爆炸、顶板事故、水害事故以及煤与瓦斯突出事故。由图3-2(d)可知，瓦斯与煤尘爆炸、顶板事故、机械事故及运输事故发生时，导致了大量人员伤亡。总的来说，2008～2018年，俄罗斯煤炭工业瓦斯与煤尘爆炸事故和顶板事故起数占比大，造成的人员伤亡最多。在瓦斯与煤尘爆炸事故中，瓦斯爆炸占比为70％，其次分别为瓦斯与煤尘爆炸(25％)、煤尘爆炸(5％)。井工煤矿井下爆炸事故发生在回采工作面的占比为45.6％，尽头工作面占比为-36.5％，作业地段和巷道占比为-17.9％。引起瓦斯与煤尘爆炸事故的众多原因中，爆破作业占比

①　2016年、2017年、2018年数据不详。
②　2016年数据不详。

最大(34.2%)，静电火花占比为 -26.1%，其次分别为火灾和煤炭自热效应。

另外，由图 3 -2(c)可知，2008~2018 年俄罗斯煤炭工业火灾事故在事故总数中占比最大。俄罗斯大部分煤矿火灾属于内因火灾，如煤自燃等。值得注意的是，由图 3 -2(d)可知，火灾事故直接导致的人员伤亡极少。此外，顶板事故不仅会导致众多的人员伤亡，而且极易导致冲击地压和煤与瓦斯突出等次生、衍生事故发生。

3.3.2　煤矿安全监察监管现状

2008~2018 年，俄罗斯煤炭工业取得了长足的发展和进步，同时俄罗斯煤炭工业安全生产形势持续好转。这与俄罗斯煤炭工业与生俱来的先天优势有关，如俄罗斯煤炭工业中井工煤矿采煤比例较小。除此以外，研究和分析现阶段俄罗斯煤炭工业安全生产监察监管现状具有一定的现实意义。

根据俄罗斯联邦政府第 401 号政府令(2004 年 7 月 30 日)，俄罗斯技监署承担包括煤炭工业在内的俄罗斯生态环境、工业技术及原子能领域的全方位安全监察监管职责。目前俄罗斯技监署通过 23 个地方管理局对俄罗斯煤炭工业安全生产实施垂直监察监管。基于俄罗斯联邦法律第 116 - Φ3 号《危险生产项目工业安全法》(2013 年 3 月 4 日修订，2018 年 7 月 29 日最新修订)，围绕包括煤炭工业在内的工业技术类安全监察监管，从 2014 年俄罗斯国内开始建立风险导向性监管机制。以煤炭工业为例，俄罗斯境内所有的煤矿及附属设施风险值进行重新评估、分级和登记，其中风险级别包括Ⅰ、Ⅱ、Ⅲ、Ⅳ 4 级，第Ⅰ级危险性最高，第Ⅳ级危险源不需进行安全监管。图 3 -3 为 2015~2018 年其煤炭工业危险对象分级情况。

由图 3 -3 可以看出，所有的井工煤矿均属于第Ⅰ级危险源，绝大部分露天煤矿属于第Ⅱ级危险源。针对不同风险值的煤炭工业生产对象，俄罗斯技监署地方管理

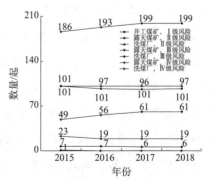

图 3 -3　2015~2018 年俄罗斯煤炭工业危险对象分级情况

局采取相对应的安全监察监管手段和措施。图 3 - 4 为 2008 ~ 2018 年其煤炭工业安全监察监管情况。

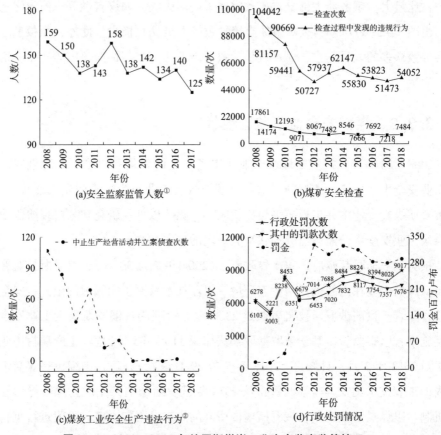

图 3 - 4　2008 ~ 2018 年俄罗斯煤炭工业安全监察监管情况

由图 3 - 4 可知，2008 ~ 2018 年俄罗斯煤炭工业安全监察监管人数和煤矿安全检查总次数逐年减少，但是这并不表明俄罗斯国内放松了煤炭工业安全监督管理，这主要与其国内开始实行风险导向性监管机制有关。结果表明，实行风险导向性监管机制以来，与 2008 年相比，2017 年安全监察监管人数减少了 21.4%，2018 年安全检查次数减少了近 58.1%；但是在此期间，俄罗斯煤炭工业整体的安全形势持续好转。由此可以看出，俄罗斯国内围绕工业技术类事故防控建立的

---

① 2018 年数据缺失。
② 2018 年数据缺失。

风险导向性监管机制不仅提高了行政效率，而且运行效果良好。由图 3 - 4(b)、图 3 - 4(c)可以看出，2008 ~ 2018 年，安全检查过程中发现的违规违法行为逐年减少。与 2008 年相比，2017 年违法行为减少了 98.1%，2018 年违规行为降低了 48%，这也与 2008 ~ 2018 年俄罗斯煤炭工业总体较好的安全生产形势吻合。

由图 3 - 4(b)、图 3 - 4(d)可知，虽然 2008 ~ 2018 年安全检查过程中发现的违规行为大幅减少，但是俄罗斯技监署加大了针对违规行为行政处罚的力度。2008 ~ 2018 年，行政处罚及其中包括的罚款次数和罚金总体呈逐年增长态势。2017 年、2018 年行政处罚、其中的罚款次数及罚金分别为 8028 起、7357 起、2.827×10^8 卢布和 9017 起、7676 起、2.936×10^8 卢布。

3.4　结果与讨论

事故统计分析结果及相关数据表明，俄罗斯煤炭工业属于生产安全事故多发、生产风险性较高的行业，在煤炭开采、洗选、分级等过程中安全生产问题相对突出。与中国相似的是，俄罗斯井工煤矿煤炭开采作业过程中的瓦斯与煤尘爆炸风险大，需从科学技术层面上进一步提高针对煤矿瓦斯爆炸事故的本质安全化防控水平。但是与中国相比，目前俄罗斯煤炭工业露天矿开采比例大，露天开采煤炭成本较低，劳动效率更高。更重要的是，露天煤矿和相应的煤炭洗选作业安全风险较小，作业过程本质安全度高。

俄罗斯煤炭工业火灾事故起数占比大，但是造成的直接人员伤亡与财产损失较小。与煤炭工业爆炸事故相比，当火灾事故发生时，有相对较为充裕的时间对人员进行疏散。但是火灾事故的巨大危害不容忽视，因为火灾事故发生后，极易在受限空间内直接引燃瓦斯或煤尘，导致爆炸等次生、衍生事故的发生。

在俄罗斯煤炭开采等作业过程中，技术方面的危险因素主要包括：①气象条件(通风系统，包括瓦斯抽采、除尘抑尘通风、应急通风等)，应防止瓦斯积聚和煤尘浓度超标；②采煤层采矿地质条件，防止顶板、水害等事故；③采矿技术条件(工作面载荷，工作面推进速度)；④运输设备、机械故障。由于俄罗斯煤炭工业瓦斯与煤尘爆炸事故比例最大，因此在一定程度上，完善矿井通风系统、减少煤矿火灾事故发生对提高俄罗斯煤炭工业总体的安全生产水平具有重要的意义。

事故统计分析结果也表明，企业安全管理上的漏洞、从业人员违反操作规程和劳动纪律是俄罗斯煤炭工业事故主要的管理方面的原因。相关研究结果表明，在生产事故中，由于人的因素导致事故和人员伤亡的比例高达97.67%。根据事故致因理论中的相关原理，人、物、环境、管理是造成事故的关键因素，但是管理却是造成事故本质的原因。为了消除人、物、环境的不安全状态，必须把落脚点放在提高管理的本质安全化水平上。围绕中国煤炭工业安全生产工作，应重视节假日和高温天气情况下的煤矿企业安全管理。此外，加大煤矿安全监察监管经济处罚力度，改变安全违规违法成本低的现象，可以有效减少各类安全生产事故发生。Scholz J T 等也发现，监管机构进行罚款是影响安全的重要因素，罚款减少会导致人员伤害事故增加（22%）。结合俄罗斯煤炭工业安全监察监管现状可以看出，合理运用经济杠杆，加大经济处罚力度，改变安全违规违法成本低的现状，可以有效减少各类安全生产事故的发生。

3.5　结语

与俄罗斯其他基础工业相比，俄罗斯煤炭工业更多地属于劳动密集型、生产安全事故多发、生产风险性较高的行业，在煤炭开采、洗选、分级等过程中安全生产问题相对突出。

为揭示 21 世纪以来俄罗斯煤炭工业事故发生的内在规律，本章主要以 2008～2018 年俄罗斯煤炭工业事故为研究对象，围绕事故分类、事故发生时间及地区分布、事故原因及安全监察监管现状等进行统计分析。结果表明：俄罗斯煤炭年开采量呈逐年增长趋势，其中露天煤矿煤炭年开采量及其在煤炭总开采量中的比重逐年提高；俄罗斯煤炭工业事故起数、死亡人数及百万吨煤死亡率呈现"3 个下降"规律。与此同时，俄罗斯煤炭工业安全监察监管过程中发现的企业违规违法行为逐年减少，但是行政处罚及其中包括的罚款次数和罚金总数呈逐年增长趋势，俄罗斯煤炭工业风险导向性安全监管机制运行良好。2008～2018 年俄罗斯联邦西伯利亚联邦管区是煤炭工业事故高发地区；俄罗斯煤炭工业事故及事故人员伤亡主要发生在井工煤矿，煤炭工业火灾事故起数占比最大，瓦斯与煤尘爆炸事故导致人员伤亡最多。俄罗斯煤炭企业安全管理上的漏洞、从业人员违反操作规程和劳动纪律是上述事故发生的主要原因。

参考文献

[1] 李运强，黄海辉. 世界主要产煤国家煤矿安全生产现状及发展趋势[J]. 中国安全科学学报，2010，20(6)：158 – 165.

[2] Россия в цифрах 2008—2018[R/OL]. [2019 – 10 – 01] http：//www. gks. ru/wps/wcm/connect/rosstat_ main/rosstat/ru/statistics/publications/catalog/doc_ 1135075100641.

[3] Отчет о деятельности Федеральной службы по экологическому, технологическому и атомному надзору в 2008—2018 году[R/OL]. [2019 – 10 – 01] http：//www. gosnadzor. ru/public/annual_ reports/.

[4] Итоги деятельности МЧС России за 2008—2017 году[R/OL]. [2019 – 10 – 01] https：//www. mchs. gov. ru/activities/results.

[5] Межгосударственный совет по стандартизации, метрологии и сертификации. Безопасность в чрезвычайных ситуациях. Техногенные чрезвычайные ситуации. Термины и определения：ГОСТ 22. 0. 05 – 97 (аутентичен ГОСТ Р 22. 0. 05 – 94)[S]. Москва：ИПК Издательство стандартов, 2000.

[6] Государственный доклад 《О состоянии защиты населения и территорий Российской Федерации от чрезвычайных ситуаций природного и техногенного характера в 2018 году》[M]. Москва：МЧС России, ФГБУ ВНИИ ГОЧС(ФЦ), 2019.

[7] 臧小为，沈瑞琪，YURTOV E V，等. 2008—2017 年俄罗斯石油天然气及化学工业事故统计分析及启示[J]. 南京工业大学学报：自然科学版, 2019, 41(5)：593 – 602.

[8] 姜哲，宋魁. 俄罗斯联邦矿产资源政策研究[M]. 北京：地质出版社, 2010.

[9] Перспективы развития угольной отрасли Российской Федерации[R]. Новокузнецк：К докладу заместителя Министра энергетики Российской Федерации А. Б. Яновского на съезде руководителей угледобывающих преприятий Российской Федерации, г. 2019.

[10] ДАБИЕВ Д Ф. Проблемы и перспективы развития глубокой переработки угля в России[J]. Успехи современного естествознания, 2014(5)：133 – 134.

[11] 梁萌，徐鑫，陈欢，等. 21 世纪俄罗斯煤炭工业现状及未来发展战略[J]. 中国煤炭, 2017, 43(7)：159 – 164, 169.

［12］БЛИНОВСКАЯ Я Ю, МАЗЛОВА Е А. Выбросы парниковых газов при добыче и переработке угля：состояние проблемы и технологии сокращения［J］. Ученые записки Российского государственного гидрометеорологического университета, 2019(54)：145 – 154.

［13］КАРНАУХ Н В, ЗАХЛЕБИН В В, АГАРКОВ А В. Реверсивные режимы проветривания в условиях глубоких шахт［J］. Вестник Академии гражданской защиты, 2019, 2(18)：87 – 93.

［14］БАБЕНКО А Г. Теоретическое обоснование и методология повышения охраны труда в угольных шахтах на основе риск – ориентированного подхода［D］. Екатеринбург, 2016.

［15］Government of the Russian Federation (Правительство Российской Федерации). Decree No. 401 of the Government of the Russian Federation on the Federal Service for Ecological, Technological and Nuclear Supervision (Постановление Правительства Российской Федерации № 401 О федеральной службе по экологическому, технологическому и атомному надзору)［S］. Moscow：Government of the Russian Federation, 2012. (In Russian).

［16］Federation Council of the Federal Assembly of the Russian Federation (Совет Федерации Федерального Собрания Российской Федерации). Federal law No. 116 – FZ "On industrial safety of hazardous production facilities" (Федеральный закон № 116 – ФЗ "О промышленной безопасности опасных производственных объектов")［Z］. 1997 – 07 – 21.

［17］ЕФИМОВ В И, ПАНАРИН В И, ФАЯУЕВ В А, и тд. Оценка уровня промышленной безопасности угольной промышленности и технического состояния отечественного горного оборудования［J］. Известия тульского государственного университета. Науки о земле, 2017(4)：121 – 130.

［18］Федеральная служба государсутвнной статистики. Официальная статистика. Рынок труда, занятость и заработная плата. Условия труда. Режим доступа［R/OL］. ［2019 – 10 – 01］ http：//www. gks. ru/wps/wcm/connect/rosstat_ main/rosstat/ru/statistics/wages/working_ conditions/. Загл. с экрана.

［19］臧小为. 基于物联网的危化品港口"大数据"安全监控系统初探［J］. 化工管理, 2018 (11)：116 – 118.

［20］SCHOLZ J T, GRAY W B. OSHA enforcement and work place Injuries：A behavioral approach to risk assessment［J］. Journal of Risk and Uncertainty, 1990, 3(3)：283 – 305.

［21］2017 年世界煤炭产量为 77.3 亿 t［J］. 中国煤炭, 2018, 44(7)：58.

［22］臧小为, 沈瑞琪, 尤尔托夫 Е В, 等. 2008—2018 年俄罗斯煤炭工业事故统计分析及启示［J］. 煤矿安全, 2020, 51(3)：247 – 251, 256.

4 俄罗斯金属非金属矿山工业过程安全

4.1 引言

金属非金属矿山工业中存在的危险源种类繁多又较为集中，世界各国均面临相似的安全生产问题。采用事故统计分析方法研究国内外金属非金属矿山工业事故发生的内在规律，具有一定的现实意义和价值。

王运敏等分析了国内外大量涉及金属非金属露天矿山、地下矿山、尾矿库安全生产的事故案例，并从矿山管理的专业角度出发，对安全生产现状、事故特点、原因分析、防范措施几个方面进行详细的论述。徐伟伟分析中国金属非金属矿山安全生产状况，并对比国外金属非金属矿山安全生产状况，针对性地提出事故预防措施。李军根据中国金属非金属露天矿边坡存在的问题及其发展趋势，分别对监管部门和矿山企业提出金属非金属露天矿边坡安全管理建议。裴文田详细论述了中国《金属非金属矿山安全标准化规范》的重要地位和作用，探讨了金属非金属矿山标准化建设，论述在标准化建设过程中应把握的重点环节和具体措施。当前围绕美国、澳大利亚等发达国家的金属非金属矿山事故规律分析与防治对策研究较多，相比较而言，针对俄罗斯工业安全生产、安全监察监管的研究相对较少。据统计，俄罗斯已探明的矿产资源总量居世界前列。除储量丰富、品种齐全的非金属矿藏外，目前俄罗斯几乎拥有世界上所有类型的金属矿藏，金属矿藏总储量居世界前 5 位。俄罗斯是全球钻石、钛、镍、铝和钢铁等矿产品和制成品的重要生产和出口国。新中国成立初期，中国引进了苏联的矿山开采技术、建设和管理经验。近年来俄罗斯在中国"一带一路"倡议实施过程中占据着重要的地位，中俄两国在包括矿山开采的多个领域内开展合作。因此基于历史渊源和合作发展现状，有必要了解俄罗斯金属非金属矿山工业现阶段安全生产特点及安全监察监管现状。

本章基于 2009～2018 年俄罗斯联邦官方统计数据，主要围绕俄罗斯金属非金属矿山工业安全生产事故及安全监察监管等要素开展统计分析，以期为提高中国金属非金属矿山工业本质安全生产水平、促进行业良性发展提供参考和借鉴。

4.2 安全生产事故规律与安全监察监管现状

4.2.1 安全生产事故规律

俄罗斯工业技术类事故主要包括石油天然气及化学工业事故、煤炭工业事故、兵器工业事故、冶金工业事故和金属非金属矿山工业事故等。由图 4-1(a) 可知，2009～2018 年俄罗斯工业技术类事故起数总体呈下降趋势，事故造成的人员伤亡人数呈随机波动态势。由图 4-1(b) 可知，2009～2018 年俄罗斯金属非金属矿山工业事故起数和人员伤亡数量总体呈逐年下降趋势，这与俄罗斯工业技术领域其他工业门类事故呈现相似的特点，如俄罗斯石油天然气管道运输及储存事故、民用爆炸物品行业事故、煤炭工业事故。

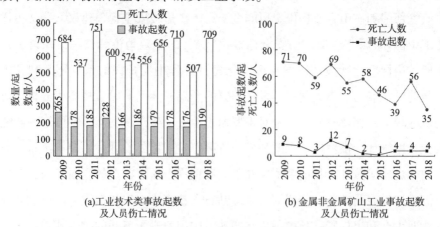

图 4-1 2009～2018 年俄罗斯工业技术类及金属非金属矿山工业事故情况

与俄罗斯其他工业门类安全生产事故相比，2009～2018年俄罗斯金属非金属矿山工业事故起数虽然相对较少，但是事故造成的人员伤亡情况相对较为严重。从世界范围看，目前俄罗斯、美国、澳大利亚和中国等国家属于金属非金属矿山矿藏重要的生产或出口国。从安全生产的角度出发，以2009年为例，俄罗斯金属非金属矿山工业事故死亡人数为71人[图4-1(b)]，美国为17人，澳大利亚在20人以下；中国在2003～2012年事故死亡人数从2628人下降到929人。与俄罗斯、美国和澳大利亚相比，中国金属非金属矿山安全生产问题较为突出，同时俄罗斯金属非金属矿山安全生产整体水平与西方发达国家仍有差距。由于矿藏资源丰富和历史上重视冶金工业等"重工业优先发展战略"，俄罗斯金属非金属矿山工业保持了较好的发展态势。俄罗斯金属非金属矿山工业是俄罗斯国民经济最重要的组成部分之一，素有"工业粮食"之称的矿产资源及其制成品在俄罗斯出口总额中占有较大比例。得益于较为发达的金属非金属矿山工业，俄罗斯冶金工业企业平均毛利润率处于世界同行业较高水平。俄罗斯金属非金属矿山安全生产事故高发一定程度上与企业主体安全管理水平不高及从业人员安全意识和技能较低等有关；但是也与企业生产经营活动的体量和频度相关。2009～2018年其金属非金属矿山工业事故地区及时间分布如图4-2所示。

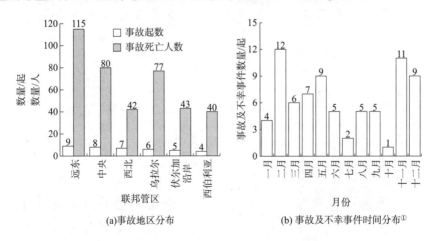

(a)事故地区分布   (b)事故及不幸事件时间分布①

图4-2　2009～2018年俄罗斯金属非金属矿山工业事故地区及时间分布

———————

① 2010年数据缺失。

由图 4-2(a)可以看出，俄罗斯远东、中央、西北及乌拉尔联邦管区属于俄罗斯金属非金属矿山工业事故高发地。上述现象主要与俄罗斯自然资源分布不均有关。俄罗斯约80%的矿藏、森林、水和土地资源在其亚洲部分，主要集中在俄罗斯西伯利亚联邦管区和远东联邦管区等。但是目前受制于经济环境、地理位置和气候等因素，矿藏资源还有待进一步开发利用。80%的工业潜力和熟练劳动力分布在俄罗斯的欧洲部分，仅少量的矿藏资源分布在该地区，如俄罗斯铁矿储量主要分布在俄罗斯中央联邦管区。由图 4-2(b)可知，2009～2018 年俄罗斯金属非金属矿山工业事故及不幸事件时间分布比较随机，第1、2季度事故和不幸事件发生率相对较高。为了进一步研究 2009～2018 年俄罗斯金属非金属矿山工业事故规律，重点围绕事故分类、事故发生环节等要素开展统计分析，结果如图 4-3 所示。

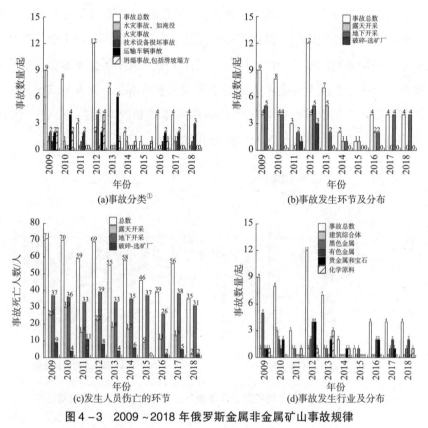

图 4-3 2009～2018 年俄罗斯金属非金属矿山事故规律

---

① 2009 年和 2010 年各有 1 例事故类型未知，未统计在内。

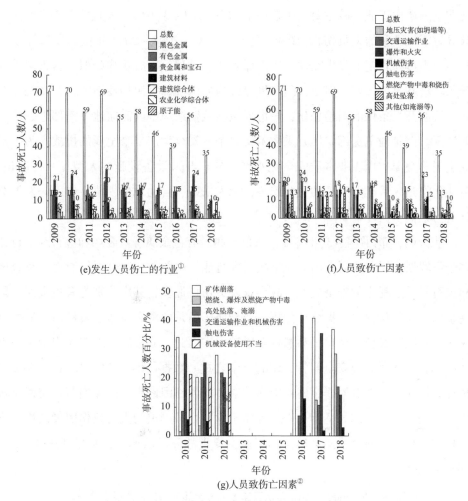

图4-3 2009~2018年俄罗斯金属非金属矿山事故规律(续)

由图4-3(a)可以看出,2009~2018年俄罗斯金属非金属矿山事故中,交通运输车辆、矿体和建(构)筑物坍塌、技术设备损坏导致的事故相对高发,火灾和水灾事故相对较少。

总的来说,俄罗斯大部分矿藏资源具有埋藏浅、品位高、易开采、易冶炼等特点,俄罗斯地下开采的金属非金属产量占比小。但是2009~2018年俄罗斯金

---

① 2011年一例所在行业不详,未统计在内。

② 部分年份数据不详。

属非金属矿山工业事故主要发生在地下矿山[图4-3(b)]，而且地下矿山安全事故导致了最严重的人员伤亡[图4-3(c)]，这与2008~2017年俄罗斯民爆物品事故及人员伤亡主要发生在地下矿山爆破作业过程等事故规律相似。露天开采的开采环境和条件较好，但是伴随着世界各国矿山浅部资源的逐渐消耗、枯竭以及矿产资源开采条件的渐趋恶化，全世界包括俄罗斯、中国需向地下深部进一步获取资源。但是地下深部矿体开采技术将对企业安全生产带来全新的挑战。为了提高金属非金属矿山工业本质安全化水平，矿产开采设备设施的大型化、自动化、智能化将是今后矿业发展的主要趋势，无人采矿、自动采矿、数字矿山的发展会日益为人们所关注。

从行业分布[图4-3(d)]看，黑色金属、有色金属、贵金属和宝石开采行业属于俄罗斯金属非金属矿山工业事故高发行业。由图4-3(e)可以看出，贵金属和宝石开采过程中的安全生产事故导致人员伤亡最多，其次分别为有色金属、黑色金属、建筑材料等。据统计分析，非金属矿山是中国金属非金属矿山事故的重灾区，其次是有色金属矿山和黑色金属矿山。因此，非金属矿山应成为中国和俄罗斯金属非金属矿山安全监管工作的重中之重。数据[图4-3(f)和图4-3(g)]统计分析认为，在金属非金属矿山事故众多的致伤因素中，矿体崩落、交通运输作业与机械伤害、高处坠落与淹溺等属于危害性最严重的人员致伤因素。进一步梳理和分析俄罗斯金属非金属矿山工业主要事故和事故原因，结果如表4-1和图4-4所示。

表4-1 2009~2018年俄罗斯金属非金属矿山工业主要事故一览

时间	发生事故的企业	事故主要经过
2018年2月27日	AO《Евраз Качканарский горно-обогатительный комбинат》	地下开采过程中，挖掘机故障损坏
2018年11月18日	ПАО《Гайский ГОК》	地下开采过程中，矿山机械发生电气火灾，矿用自卸卡车被烧毁
2018年12月22日	ПАО《Уралкалий》	矿井混凝土灌注模板发生火灾，导致人员中毒窒息
2017年7月7日	ПАО《ГМК Норильский никель》	违反操作规程，发生甲烷空气混合物爆炸事故

续表

时间	发生事故的企业	事故主要经过
2017 年 8 月 4 日	ПАО《АЛРОСА》	未对矿区的地质结构及水文地质特征充分研究，发生矿井透水事故，矿井被淹没
2017 年 11 月 4 日	ООО《Металл – групп》	风扇叶片破裂，导致主风扇装置停止工作
2016 年 5 月 28 日	ОАО《Васильевский рудник》	载重汽车司机未遵守关于车辆行驶速度的要求，造成汽车自高处坠落
2015 年 3 月 10 日	ОАО《Стойленский ГОК》	地下矿井矿体坍塌，支架工遭受致命伤害
2015 年 8 月 18 日	ОАО《Учалинский ГОК》	爆破后未对巷道进行连续通风，造成爆破工吸入大量爆炸产物中毒死亡
2014 年 11 月 18 日	ОАО《Уралкалий》	在该钾镁盐矿床事故中，由于地下矿井防水保护层的破坏引起塌方，矿井被淹没。主要受 1995 年矿体大面积崩落的负面影响，造成保护地层整体性破坏严重
2013 年 2 月 4 日	ООО《КНАУФ ГИПС КУНГУР》	采石场开采过程中，山体塌方，挖掘机被埋
2012 年 4 月 6 日	ООО《УГМК – Холдинг》，ОАО《Учалинский горно – обогатительный комбинат》	泄洪导致采石场淹没
2012 年 8 月 26 日	ОАО АК《АЛРОСА》	在采矿前准备工作中，发生了甲烷空气混合物爆炸
2011 年 12 月 16 日	ОАО《Апатит》	检维修环节，电焊切割引起爆炸
2011 年 2 月 24 日	ОАО《Сарановская шахта》《Рудная》	矿用升降机故障，箕斗失控
2009 年 1 月 22 日	ОАО《Высокогорский ГОК》	废弃的溜井内垃圾引起火灾
2009 年 5 月 26 日	ЗАО ГДК《Алдголд》	挖掘船火灾
2009 年 9 月 12 日	ОАО《Апатит》	自卸卡车司机在废石场卸废石时，意外移动了安全轴，导致卡车自高处坠落。坠落后卡车起火，司机死亡
2009 年 2 月 4 日	ООО《Металл – групп》	地下采矿作业时，矿体坍塌
2009 年 12 月 3 日	ОАО《Высокогорский ГОК》	地下矿井防水闸门损坏，导致采矿巷道淹没

注：2010 年数据不详。

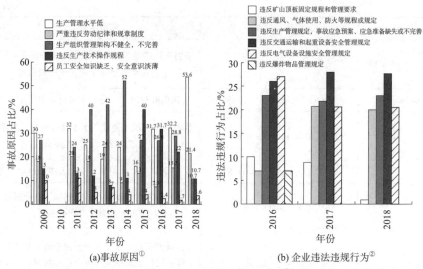

图 4 - 4　俄罗斯金属非金属矿山工业事故原因(2009~2018 年)及
相应的企业违法违规行为(2016~2018 年)

由表 4 - 1 和图 4 - 4(a)可以看出，2009~2018 年，俄罗斯金属非金属矿山工业事故更多是由于"人的不安全行为"和"管理漏洞"等因素引起，当然生产设备设施的"物的不安全状态"因素也不能完全忽略。由图 4 - 4(b)可知，在俄罗斯金属非金属矿山日常生产经营过程中，尤其是在遵守劳动纪律和规章制度方面(多起事故是由于工作期间员工醉酒导致的)，需对企业管理层和员工进一步加强管理。俄罗斯技监署年度报告中多次提到，金属非金属矿山工业事故技术方面的原因绝大部分可以归结为人的不安全行为。上述特点与俄罗斯煤炭工业事故和民用爆炸物品行业事故特点相似，即导致俄罗斯民爆物品事故的绝大部分原因可以归结为管理方面的漏洞；企业安全管理上的漏洞、从业人员违反操作规程和劳动纪律是俄罗斯煤炭工业事故发生的主要原因。

目前俄罗斯拥有从矿石开采到矿物制品深加工的完整工业体系，具有一定数量的具有行业带动力与国际竞争力的矿业龙头企业。但是由表 4 - 1 可知：发生事故的单位不仅包括俄罗斯中小型矿业企业，相当数量的矿业龙头企业也发生数

---

① 2010 年数据缺失。
② 部分年份数据不详。

起事故。如 2017 年 8 月 4 日和 2012 年 8 月 26 日俄罗斯乃至全世界规模最大的钻石开采加工企业——阿尔罗萨公司分别发生地下矿井透水事故和甲烷空气混合物爆炸事故；2017 年 7 月 7 日全球最重要的精炼镍及钯生产商——诺里尔斯克镍业公司某地下矿山发生甲烷空气混合物爆炸事故；2012 年 4 月 6 日全球最重要的铜、锌和钛等产品生产商和供应商——乌拉尔矿业冶金公司某采石场发生事故。由此可以看出，不论企业规模大小，为了提高金属非金属矿山工业本质安全生产水平，必须把落脚点放在提高管理的本质安全化水平上。

4.2.2 安全监察监管现状

基于俄罗斯联邦《危险生产设施工业安全法》(2013 年 3 月 4 日修订，2018 年 7 月 29 日最新修订)，自 2014 年开始俄罗斯金属非金属矿山工业危险生产设施风险重新评估、分级和登记，其中风险级别包括 Ⅰ、Ⅱ、Ⅲ、Ⅳ 4 级，第 Ⅰ 级危险性最高，实行国家不间断安全监察监管制度；第 Ⅳ 类危险源不需进行安全监管。2014～2018 年其金属非金属矿山工业危险生产设施基本情况如图 4 – 5 所示。

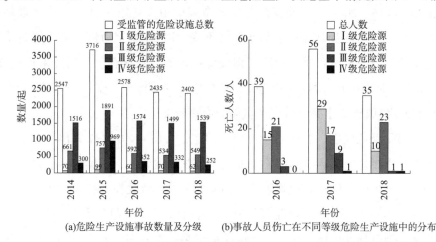

(a)危险生产设施事故数量及分级   (b)事故人员伤亡在不同等级危险生产设施中的分布

图 4 – 5 2014～2018 年俄罗斯金属非金属矿山工业危险生产设施事故数量及人员死亡情况

由图 4 – 5(a)可知：2014～2018 年俄罗斯金属非金属矿山工业受监管的危险生产设施数量基本保持稳定。通过数据统计分析，以 2018 年为例，俄罗斯金属非金属矿山工业绝大部分危险生产设施坐落在采石场(占比为 76%)和选矿厂(占比为 11%)；危险生产设施分布高密度地区包括乌拉尔联邦管区 328 座(占比为

14%）和西伯利亚联邦管区276座（占比为11%）；危险生产设施分布高密度行业包括建筑材料开采行业1390座（占比为58%）、贵金属和宝石开采行业518座（占比为22%）。此外，第Ⅱ级和第Ⅲ级危险生产设施数量占比最大，第Ⅰ级危险生产设施数量占比最小[图4-5(a)]。然而事故统计数据表明，俄罗斯金属非金属矿山工业事故绝大部分发生在第Ⅰ级和第Ⅱ级危险生产设施内，在第Ⅰ级和第Ⅱ级危险生产设施内由于事故导致人员伤亡最多[图4-5(b)]。

俄罗斯金属非金属矿山工业安全监察监管与煤炭工业安全监察监管现状相似。自2014年建立风险导向性监管机制后，近年来针对俄罗斯金属非金属矿山工业安全生产的监察监管次数，以及被发现的企业安全生产违法违规数量减少。与此同时，俄罗斯技监署加大了针对违法违规行为经济处罚的力度和强度。为了进一步加强俄罗斯金属非金属矿山工业生产经营过程中的安全风险管理，预防和减少第Ⅰ级和第Ⅱ级危险生产设施内的生产安全事故发生，2016～2018年其金属非金属矿山工业中第Ⅰ级危险生产设施及其安全监察监管情况如图4-6所示。

虽然俄罗斯金属非金属矿山工业中第Ⅰ级危险生产设施数量较少，但是安全风险最高。2016～2018年，俄罗斯金属非金属矿山工业第Ⅰ级危险生产设施所在行业、种类、数量及地区分布基本保持不变。以2018年为例，第Ⅰ级危险生产设施主要为地下矿山和地下建筑工程设施；主要分布在有色金属开采行业（22座）和化学工业原料开采行业（13座）；乌拉尔联邦管区（17座）和伏尔加沿岸联邦管区（13座）属于第Ⅰ类危险生产设施分布高密度地区。

基于第Ⅰ级危险生产设施的绝对数量而言，由图4-6可以看出，俄罗斯技监署针对第Ⅰ级危险生产设施的不间断监察监管力度较大，在监察监管过程中发现的企业安全生产违法违规数量较多，但是相应的行政处罚和罚金数较少。这在一定程度上体现了风险导向性监管机制"事前监管"和"事故预警"的特点。结合近十年俄罗斯金属非金属矿山工业不断下降的事故发生率，分析认为，围绕包括金属非金属矿山工业在内的工业技术类安全监察监管，俄罗斯国内建立的风险导向性监管机制运行良好。因此，对危险源进行风险分级，再在此基础上开展有针对性的安全监察监管，事故发生的根源性因素提前识别和管控，事故防范和安全管理能力能够得到明显提升。

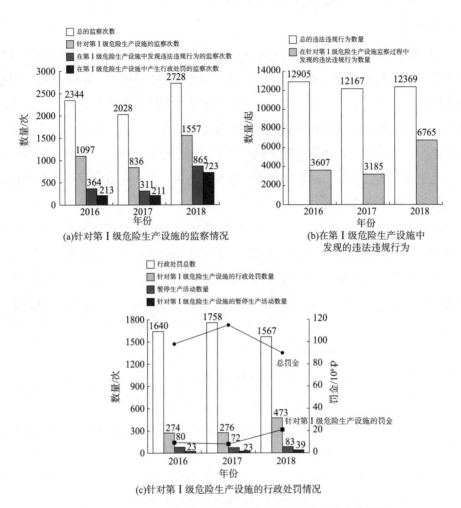

(a)针对第Ⅰ级危险生产设施的监察情况

(b)在第Ⅰ级危险生产设施中
发现的违法违规行为

(c)针对第Ⅰ级危险生产设施的行政处罚情况

图4-6　2016~2018年俄罗斯金属非金属矿山工业中第Ⅰ级
危险生产设施及其安全监察监管情况

4.3　结论

为揭示俄罗斯金属非金属矿山工业事故发生的内在规律和安全监察监管现状，本章基于2009~2018年俄罗斯官方统计数据，围绕安全生产事故及安全监察监管等要素开展统计分析研究，主要结论如下。

(1)俄罗斯金属非金属矿山工业事故起数和人员伤亡数量总体呈逐年下降趋势。俄罗斯远东、中央、西北及乌拉尔联邦管区属于俄罗斯金属非金属矿山工业事故高发地。

（2）俄罗斯金属非金属矿山工业事故主要发生在地下矿山。交通运输车辆、矿体和建（构）筑物坍塌、技术设备损坏导致的事故相对高发。矿体崩落、交通运输作业与机械伤害、高处坠落与淹溺属于危害性最严重的人员致伤因素。黑色金属、有色金属、贵金属和宝石开采行业属于俄罗斯金属非金属矿山工业事故高发行业。贵金属和宝石开采过程中的安全生产事故导致人员伤亡最多，其次分别为有色金属、黑色金属、建筑材料等。金属非金属矿山工业事故原因绝大部分可以归结为人的不安全行为。

（3）俄罗斯金属非金属矿山第Ⅱ级和第Ⅲ级危险生产设施数量占比最大，第Ⅰ级危险生产设施数量占比最小。俄罗斯金属非金属矿山工业事故绝大部分发生在第Ⅰ级和第Ⅱ级危险生产设施内，第Ⅰ级和第Ⅱ级危险生产设施安全生产事故导致人员伤亡最多，安全风险最高。俄罗斯国内建立的风险导向性监管机制运行良好。

参考文献

[1] ЯНЦ А И，ГАВРИН В С，ХАРИТОНОВА А В. Травматизм на машинах и механизмах в горнодобывающей промышленности[J]. Инновационная наука，2016，8(2)：103.

[2] TEREGULOV B F. Production causality of reproductive health violation of miners engaged in underground mining of non-ferrous metals[J]. Bashkortostan Medical Journal，2016，11(2)：43.

[3] 裴文田. 金属非金属矿山标准化建设研究[J]. 中国安全生产科学技术，2009，5(6)：119.

[4] 徐伟伟. 金属非金属矿山事故规律分析与防治对策研究[J]. 金属矿山，2013(10)：140.

[5] 张胜利. 金属非金属矿山企业安全确认制的应用研究[J]. 中国安全生产科学技术，2016，12(S1)：159.

[6] 王运敏，李世杰. 金属非金属矿山典型安全事故案例分析[M]. 北京：冶金工业出版社，2015：263.

[7] 李军. 金属非金属露天矿山边坡安全管理建议[J]. 金属矿山，2010(10)：172.

[8] ГУРОВА А М，ТЮНИН А И. Развитие горнодобывающей промышленности в России[J]. Современные проблемы социально-гуманитарных наук，2016，6(8)：105.

[9] САВЧЕНКО И А, КАРЕЛИНА М Г. Статистический анализ горнорудной промышленности России [J]. Приложение математики в экономических и технических исследованиях, 2015, 1(5): 92.

[10] Federal Environmental, Industrial and Nuclear Supervision Service of Russia. The Annual Reports of the Federal Environmental, Industrial and Nuclear Supervision Service of Russia in the period from 2009 to 2018 [//OL]. [2019 - 10 - 01]. http://www.gosnadzor.ru/public/annual_reports/.

[11] 肖翔, 武力. 略论新中国工业化起步时期的技术引进[J]. 开发研究, 2015(1): 150.

[12] ИВАНОВ С В. Развитие сотрудничества России и Китая в горнорудной отрасли [J]. Проблемы современной экономики, 2011(4): 99.

[13] The Ministry of the Russian Federation for Civil Defence, Emergencies and Elimination of Consequences of Natural Disasters. The Annual Reports of EMERCOM of Russia in the period from 2009 to 2018[//OL]. [2019 - 10 - 01]. https://www.mchs.gov.ru/activities/results.

[14] 臧小为, 沈瑞琪, 尤尔托夫 Е В, 等. 2008—2017 年俄罗斯石油天然气及化学工业事故统计分析及启示[J]. 南京工业大学学报: 自然科学版, 2019, 41(5): 593.

[15] 臧小为, 沈瑞琪, 尤尔托夫 Е В, 等. 2008—2017 年俄罗斯民用爆炸物品事故统计分析及启示[J]. 爆破器材, 2020, 49(1): 1.

[16] 臧小为, 沈瑞琪, 尤尔托夫 Е В, 等. 2008—2018 年俄罗斯煤炭工业事故统计分析及启示[J]. 煤矿安全, 2020, 51(3): 247.

[17] GOLIK V I, SHELKUNOVA T G, KHETAGUROVA T G, et al. Features of economic system depressive type of mining[J]. Scientific Bulletin of the Southern Institute of Management, 2013 (4): 10.

[18] ЧЕРНЫШЕВ А В, ТРЕФИЛОВ В А. Усовершенствование контроля и процесса улавливания выбросов при коксохимическом производстве [J]. Вестник пермского национального исследовательского политехнического университета. Безопасность и управление рисками, 2015(2): 61.

[19] POTRUBACH N N, POGREBNYAK R G. Provision of resources as factor of improving energy security of Russian regions[J]. Microeconomics, 2014(2): 71.

[20] 杨秀东. 我国金属非金属矿山生产安全事故解析[J]. 安全, 2010, 31(1): 18.

[21] Federation Council of the Federal Assembly of the Russian Federation. Federal law No. 116 - FZ "On industrial safety of hazardous production facilities"[Z/OL]. [1997 - 07 - 21].

[22] РОСТЕХНАДЗОР. Перерегистрация ОПО металлургической промышленности. в соответствии с новой редакцией закона №116 – ФЗ[J]. ТехНАДЗОР, 2013, 5(78)：64.

[23] МЯСНИКОВ С В, ТРУБЕЦКОЙ Н К, ОКСМАН В С, и т. д. О реализации мер по совершенствованию системы контроля за состоянием безопасности ведения горных работ в Российской Федерации[J]. Безопасность труда в промышленности, 2016(4)：58.

[24] 臧小为，沈瑞琪，尤尔托夫 Е В，等．2009—2018 年俄罗斯金属非金属矿山工业事故统计分析及启示[J]．南京工业大学学报：自然科学版，2021，43(2)：135 – 143.

5 俄罗斯冶金工业过程安全

5.1 引言

冶金工业生产过程中存在的工业危险源和职业病危害因素繁杂，世界各国冶金工业均面临相似的安全生产和职业卫生问题。近年来中国冶金工业生产安全事故时有发生，通过事故统计分析并揭示国内外冶金工业事故发生的内在规律，研究并采用国内外先进的技术和现代化的安全管理措施对降低中国冶金工业事故发生率具有一定的现实意义和应用价值。

焦玉书等回顾了中国冶金矿山采矿科学技术的发展成就，尤其是改革开放以来，中国采矿科学技术取得的进步对中国成为钢铁大国起到了重要支撑作用。马岩等针对鞍钢某冶金生产线生产过程中存在和潜在的职业危害因素进行了风险评价。张振夫等结合冶金企业的生产特点及存在问题进行综合分析，表明通过完善工艺系统和改善工作环境可以保证生产活动的安全性和稳定性。周勇等认为，冶金企业积极探索企业安全文化建设是安全生产的灵魂。目前围绕美国、澳大利亚等发达国家的工业安全生产、安全监管体系等方面的研究较多，相比较而言，针对俄罗斯工业发展现状、事故特点的研究相对较少。俄罗斯是全球钛、镍、铝、生铁和钢铁等冶金产品重要的生产和出口国。Тугуз Ш М 等、Корчагин Д П 等前期研究结果表明，截至 2007 年，俄罗斯冶金企业工伤事故率一直处于高水平，生产安全整体状况仍有改善的余地。为降低俄罗斯冶金企业事故发生率和工伤事故率，需要对事故原因进行综合分析和总结。新中国成立初期，中国引进了苏联的冶金生产技术、建设和管理经验。近年来俄罗斯在中国"一带一路"倡议实施过程中占据着重要的地位，中俄两国在包括冶金工业的多个领域内开展合作。因此基于历史渊源和合作发展现状，有必要了解俄罗斯冶金工业现阶段安全生产特点及安全监察监管现状。

本章主要基于俄罗斯联邦国家统计局（Росстат）统计年鉴、俄罗斯技监署和俄罗斯联邦紧急情况部（МЧС России）年度报告等官方统计数据和俄文原始文献，以 2009～2018 年俄罗斯冶金工业安全生产及安全监察监管现状等信息作为统计分析对象，针对俄罗斯冶金工业事故数、事故类型、事故伤亡人数、事故地区分布和安全监察监管行为等要素进行梳理、统计、分析和总结。

5.2　俄罗斯冶金工业发展基本状况

由于矿藏资源丰富和历史上一直采取向"重工业倾斜的发展战略"，俄罗斯冶金工业是俄罗斯国民经济的重要组成部分，是俄罗斯政府财税收入和国家外汇重要来源。目前俄罗斯拥有从矿石开采到冶金制品深加工的完整冶金工业体系，具有相当数量的有行业带动力与国际竞争力的冶金龙头企业，顺应国际冶金工业主流发展趋势。俄罗斯有影响力的冶金企业包括：位于车里雅宾斯克州的马格尼托戈尔斯克冶金联合体（ММК）；位于沃洛格达州的北方钢铁公司（Северсталь）和伏尔加格勒州的"红十月"钢铁厂（Красный Октябрь）；位于克拉斯诺亚尔斯克边疆区的诺里尔斯克镍业公司（Норникель）；位于斯维尔德洛夫斯克州的乌拉尔矿业冶金公司（УГМК‐холдинг）和 VSMPO‐AVISMA 公司（Корпорация ВСМПО‐АВИСМА）；以及俄罗斯联合铝业集团（РУСАЛ）、俄罗斯铜业集团（РМК）、俄罗斯耶弗拉兹集团（Евраз Холдинг）、俄罗斯金属管件集团（ТМК）、新利佩茨克冶金联合企业（Новолипецкий металлургический комбинат）和金属投资集团（Металлоинвест）等企业。

俄罗斯冶金企业重视垂直型一体化商业模式构建，充分发挥俄罗斯丰富且相对廉价的能源优势，降低运营成本，提高规模经济效益，增强其在国际市场的竞争力。俄罗斯冶金工业企业平均毛利润率处于世界同行业较高水平。目前俄罗斯部分冶金工业产品在全球市场上占有重要地位，如诺里尔斯克镍业公司是全球最大的精炼镍及钯生产商之一，乌拉尔矿业冶金公司和 VSMPO‐AVISMA 公司分别是全球最重要的铜、锌和钛等产品生产商和供应商以及全球第2大铝生产企业——俄罗斯联合铝业集团。2009～2018年其冶金工业主要产品产量的变化趋势如图5-1所示。

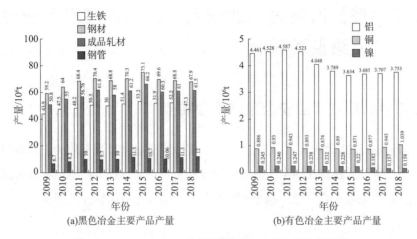

(a)黑色冶金主要产品产量　　　(b)有色冶金主要产品产量

图5-1　2009~2018年俄罗斯冶金工业主要产品产量

2009~2018年俄罗斯冶金工业在取得不俗成绩的同时，也面临问题和挑战。由图5-1(a)可以看出，2009~2015年俄罗斯黑色冶金主要产品产量均有一定程度增长，2015年达到峰值。自2015年以后，俄罗斯黑色冶金主要产品产量呈下降趋势。总的来说，与苏联1990年生铁、钢材、成品轧材、钢管的产量(分别为59.4×10⁶t、89.6×10⁶t、63.7×10⁶t、11.9×10⁶t)相比，2009～2018年俄罗斯黑色冶金工业尚未恢复到苏联1990年的生产水平。由图5-1(b)可以看出，2009~2018年，俄罗斯铝和镍年产量总体呈明显下降趋势，铜年产量波动不大。

与石油天然气工业、军事工业产品相似，冶金工业产品也属于俄罗斯主要出口商品，易受国际市场行情及美欧制裁等因素影响。如中国和其他亚洲国家在世界冶金产品市场中所占的份额增大；2008年全球金融危机对俄罗斯冶金工业发展造成巨大冲击，冶金产品产量和销量均陷入低谷。为了更好地发展俄罗斯冶金工业，2009年3月俄罗斯政府批准了"2020年前俄罗斯联邦冶金工业发展战略"规划，其中的重点任务包括冶金设备现代化更新改造和冶金产品结构调整工作，从而带动俄罗斯冶金工业产品结构和技术结构的不断进步。2014年"克里米亚"事件后，欧美经济制裁下的俄罗斯国内经济形势使得其冶金工业设备的更换和现代化升级工作放缓，粉末冶金技术等冶金新工艺尚未在俄罗斯冶金工业企业广泛应用，同时俄罗斯冶金工业中高附加值产品占比较低，如俄罗斯黑色冶金企业出口的高附加值金属产品在其出口产品总值中的占比不超过23%。

5.3 俄罗斯冶金工业安全生产主要特点与安全监察监管现状

5.3.1 冶金工业安全生产主要特点

Корчагин Д П 等研究表明，导致2005年俄罗斯冶金工业事故的主要原因属于管理方面的漏洞，体现在冶金工业企业领导层及管理人员在生产组织和管理过程中没有充分注意工业安全问题。2009~2018年其冶金工业事故情况如图5-2所示。

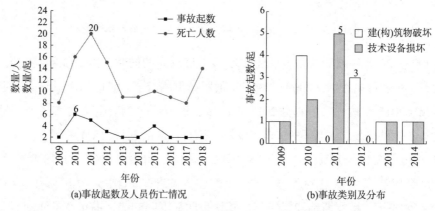

图5-2　2009~2018年俄罗斯冶金工业事故情况

注：(b)2015~2018年数据不详。

由图5-2(a)可知，2009~2018年，俄罗斯冶金工业事故和人员伤亡数量总体呈下降趋势。这与俄罗斯工业技术领域其他种类事故呈现相似的特点，如俄罗斯石油天然气管道运输及储存事故、民用爆炸物品行业事故和煤炭工业事故。由图5-2(b)可以看出，2009~2014年，俄罗斯冶金工业事故主要包括建(构)筑物破坏和技术设备损坏两类。这一特点反映目前俄罗斯冶金工业面临的主要问题，即生产设备设施超期服役导致老化磨损严重。据不完全统计，俄罗斯冶金企业中60%的生产设备设施已运行10年以上，20%的设备设施运行20年以上，

10%的设备设施已运行30年,甚至仍继续使用苏联时期的设备设施。俄罗斯最大的黑色冶金企业马格尼托戈尔斯克冶金联合体的研究表明,该企业固定生产设备设施的活动部件平均损耗超过55%,其中21%已经老化,且无相应升级准备金。结合事故致因理论可以看出,俄罗斯冶金工业"物的不安全状态"不可避免地导致事故发生,对员工的健康和安全、环境以及企业的物质基础的威胁日益增大。2009~2018年其冶金工业事故规律如图5-3所示。

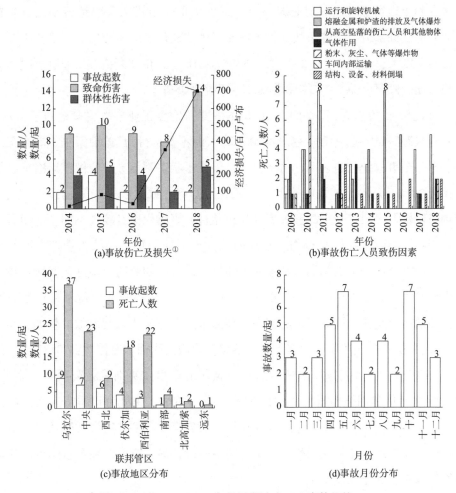

图5-3 2009~2018年俄罗斯冶金工业事故规律

---

① 部分年份数据不详。

如图 5 - 3(a)所示，2014 ~ 2018 年俄罗斯冶金工业安全形势总体平稳，但是事故造成的人员伤亡及财产损失，尤其是致命伤害和经济损失逐年增加。如图 5 - 3(b)所示，运行和旋转机械伤害、熔融金属和炉渣排放以及气体爆炸是导致人员伤亡的主要原因。

由图 5 - 3(c)可以看出，乌拉尔联邦管区、中央联邦管区和西北联邦管区属于俄罗斯冶金工业事故高发地。俄罗斯自然资源分布不均，约 80% 的矿藏、森林、水和土地资源在该国的亚洲部分，而 80% 的工业潜力和熟练劳动力分布在俄罗斯的欧洲部分。上述事故高发地区属于俄罗斯传统的工业中心，冶金工业企业分布密度大。由图 5 - 3(d)可知，2009 ~ 2018 年，俄罗斯冶金工业事故时间分布相对比较随机，第 2、4 季度事故发生率相对较高。

由表 5 - 1 可以看出，2009 ~ 2018 年俄罗斯冶金工业事故更多地由于"物的不安全状态"所引起，当然"管理漏洞"和"人的不安全行为"等因素也不能完全忽略。不完全事故统计也表明，由于设备设施技术状态不佳导致的俄罗斯冶金事故占比为 70%，危险生产设施的生产管理效率低下导致的事故占比为 30%。上述特点与俄罗斯煤炭工业事故和民用爆炸物品行业事故原因有较大不同。前期研究结果表明：导致俄罗斯民爆物品事故的绝大部分原因可以归结为管理方面的漏洞；企业安全管理上的漏洞、从业人员违反操作规程和劳动纪律是俄罗斯煤炭工业事故发生的主要原因。此外，由表 5 - 1 可知，发生事故的单位不仅包括俄罗斯中小型冶金企业，同时可以看到在大型冶金企业也发生数起事故。例如，2018 年 10 月乌拉尔矿业冶金公司旗下某电解锌工厂因失火而暂时停业；2017 年 11 月和 2013 年 9 月位于克拉斯诺亚尔斯克边疆区的诺里尔斯克镍业公司发生事故；2014 年 5 月伏尔加格勒州"红十月"钢铁厂发生事故。由此可以看出，为提高冶金工业本质安全生产水平，一方面应选用本质安全化程度高的设备以及对设备的日常维护及管理是企业安全生产的重要物质基础，另一方面必须把落脚点放在提高管理的本质安全化水平上。

表 5-1　2009~2018 年俄罗斯冶金工业主要事故一览

时间	发生事故的企业及其所在地	事故经过
2018 年 8 月 30 日	OAO《Производственное объединение Бежицкая сталь》, 布良斯克州(中央联邦管区)	在铸造车间熔化段，由于冷却水系统漏泄，水进入炉内，当熔体从炉中放出时，夹杂有损坏的炉顶内衬和金属部件的蒸汽混合物喷出，致 5 人受伤
2018 年 10 月 21 日	OAO《Электроцинк》, 斯维尔德洛夫斯克州(乌拉尔联邦管区)	锌冶炼厂的电解车间发生火灾，建筑物的墙壁和屋顶部分倒塌，无人员伤亡
2017 年 4 月 2 日	OOO《Уральская свинцовая компания》, 斯维尔德洛夫斯克州(乌拉尔联邦管区)	向炉内装料过程中发生爆炸，炉盖炸开，熔体从炉内抛出并起火，致 1 人死亡，3 人受伤
2017 年 11 月 28 日	ПАО《Горно-металлургическая компания》《Норильский никель》, 克拉斯诺亚尔斯克边疆区(西伯利亚联邦管区)	排汽井上部建筑结构、冶炼车间屋顶破坏
2016 年 12 月 19 日	ПАО《Ашинский металлургический завод》, 车里雅宾斯克州(乌拉尔联邦管区)	电炉冶炼车间发生了喷炉事故，致 1 人死亡，3 人受伤
2016 年 12 月 28 日	OOO《Точинвестцинк》, 梁赞州(中央联邦管区)	炉底座变形导致镀锌槽破坏，约 700t 熔体流出
2015 年 10 月 1 日	ЗАО《Карабашмедь》, 车里雅宾斯克州(乌拉尔联邦管区)	炉气体冷却器损坏导致车间设备和结构破坏，致 2 人死亡
2015 年 11 月 26 日	OOO《Тихвинский ферросплавный завод》, 列宁格勒州(西北联邦管区)	炉变压器冷却油管的完整性遭到破坏导致火灾发生，屋顶坍塌
2015 年 9 月 2 日	OAO《Фрязинский экспериментальный завод》, 莫斯科州(中央联邦管区)	铝锭生产铸造车间内铝型材规格化炉点火时，炉膛内发生爆炸事故，炉及辅助设备损坏
2015 年 1 月 28 日	OOO《Майдаковский завод》, 伊万诺沃州(中央联邦管区)	铸造车间开展炉内清洁工作时，工人意外遭受炉衬砖打击
2014 年 5 月 30 日	ЗАО《Волгоградский металлургический комбинат》《Красный Октябрь》, 伏尔加格勒州(南部联邦管区)	炼钢过程中，当炉倾角与冷却水板水平时，炉突然破裂导致熔融金属在炉中爆炸和泄漏
2014 年 6 月 2 日	OAO《Уральская сталь》, 斯维尔德洛夫斯克州(乌拉尔联邦管区)	由于温度影响，炼焦车间内煤气管道桥架部分金属结构变形而偏离了设计位置，煤气管道桥等遭到破坏

时间	发生事故的企业及其所在地	事故经过
2014 年 5 月 25 日	ОАО 《Челябинский электрометаллургиче ский комбинат》，车里雅宾斯克州（乌拉尔联邦管区）	炉料在熔化区的工作空间意外泄漏，大量热气体和热粒子释放
2013 年 9 月 3 日	ОАО 《Горно – маталлургическая компания》《Норильский никель》，克拉斯诺亚尔斯克边疆区（西伯利亚联邦管区）	熔炼过程中，熔融物从炉中意外释放
2013 年 11 月 19 日	ООО 《ВКМ – СТАЛЬ》，莫尔多瓦共和国（伏尔加沿岸联邦管区）	炉变压器超期服役，发生火灾导致厂房受损
2012 年	ООО 《Вологодский литейно – механич еский центр》，沃洛格达州（西北联邦管区）	生产建（构）筑物破坏
2012 年	ОАО 《Медногорский медно – серный комбинат》，奥伦堡州（伏尔加沿岸联邦管区）	生产建（构）筑物破坏
2012 年	ЗАО 《Череповецкий завод металлоконструкций》，沃洛格达州（西北联邦管区）	生产建（构）筑物破坏
2009 年 10 月 24 日	Филиал 《БАЗ – СУАЛ》 ОАО 《СУАЛ》，斯维尔德洛夫斯克州（乌拉尔联邦管区）	由于在设计、建造和施工过程中产生的错误，以及地基土壤的不均匀沉降而造成厂房建筑物破坏和倒塌

注：部分年份数据不详。

5.3.2　冶金工业安全监察监管现状

基于俄罗斯联邦法律第 116 – Ф3 号《危险生产设施工业安全法》（2013 年 3 月 4 日修订，2018 年 7 月 29 日最新修订），围绕包括冶金工业在内的工业技术类安全监察监管，从 2014 年开始俄罗斯国内建立风险导向性监管机制。以冶金工业为例，俄罗斯境内所有的冶金工业综合体及附属设施风险值重新评估、分级和登记，其中风险级别包括Ⅰ、Ⅱ、Ⅲ、Ⅳ 4 级，第Ⅰ级危险性最高，实行国家不间断安全监察监管制度；第Ⅳ类危险源不需进行安全监管。图 5 – 4 为 2009～2018 年其冶金工业危险生产设施及其安全监察监管情况。

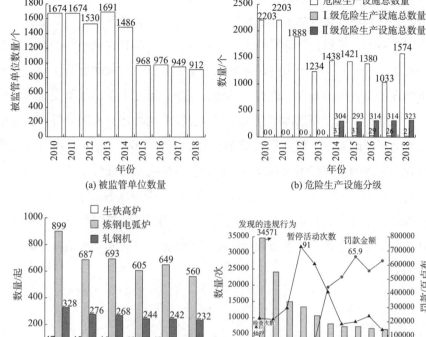

图5-4　2009～2018年俄罗斯冶金工业危险生产设施及其安全监察监管情况

　　由图5-4(a)、5-4(b)可知，2009～2018年，俄罗斯冶金工业中被监管的生产单位数量和危险生产设施总数量呈明显下降趋势。在危险生产设施总数中，第Ⅱ和Ⅲ级危险源占比最大。通常认为第Ⅰ级危险生产设施安全风险最高，但是事故统计数据表明，俄罗斯冶金工业人员伤亡事故绝大部分发生在第Ⅱ和第Ⅲ级危险生产设施内，在第Ⅰ和第Ⅳ级危险生产设施中发生的人员伤亡事故极少。由图5-4(c)可以看出，俄罗斯黑色冶金工业危险生产设施的构成中，生铁高炉、炼钢电弧炉、轧钢机数量减少明显。上述数据特点与近年来俄罗斯冶金企业不断的合并重组以及俄罗斯政府加大力度淘汰和更新冶金生产设备设施有关，如2009～2018年俄罗斯钢铁公司的炼钢生产技术和生产工艺发生了积极的变化，逐步淘汰平炉钢生产工艺，采用电弧炉、吹氧转炉生产的钢铁占比增大，采用连续铸造机器设备生产的钢坯比重逐年增长。由此可以看出，俄罗斯重视其冶金工业设备的更换和现代化升级工作，积极开发和应用冶金新技术、新工艺。

由图 5-4(d)可知，与俄罗斯煤炭工业安全监察监管现状相似的是，实行风险导向性监管机制后，近年来针对俄罗斯冶金工业安全的监察监管次数，以及检查中被发现的违规行为减少。而在此期间，俄罗斯冶金工业整体的安全形势总体平稳。可以看出，俄罗斯国内围绕工业技术类事故防控建立的风险导向性监管机制不仅提高了行政效率，而且运行效果良好。虽然 2009~2018 年冶金工业安全检查过程中发现的违规行为大幅减少，但是俄罗斯技监署加大了针对违规行为经济处罚的力度和管理力度，如 2013 年 12 月 30 日俄罗斯技监署专门出台了"生产、运输和使用黑色和有色冶金产品的安全生产规定"的部门规章，旨在进一步加强俄罗斯冶金工业生产经营过程中安全风险管理，预防和减少冶金工业生产安全事故的发生。

5.4　结论

为揭示俄罗斯冶金工业事故内在规律和安全监察监管特点，本章基于俄罗斯官方统计数据，以 2009~2018 年俄罗斯冶金工业安全生产及安全监察监管现状等信息作为统计分析对象。主要结论如下。

(1)2009~2018 年俄罗斯黑色冶金工业尚未恢复到苏联 1990 年的生产水平，俄罗斯有色冶金铝和镍年产量总体呈明显下降趋势，铜年产量波动较小。

(2)2009~2018 年俄罗斯冶金工业事故和人员伤亡数量总体呈下降趋势。乌拉尔联邦管区属于俄罗斯冶金工业事故高发地，俄罗斯冶金工业事故主要包括建(构)筑物破坏和技术设备损坏两类，人员伤亡事故绝大部分发生在第 Ⅱ 和第 Ⅲ 级危险生产设施内。机械伤害、熔融金属和炉渣排放以及气体爆炸是导致人员伤亡的主要原因，俄罗斯冶金工业事故更多的是由于"物的不安全状态"所引起。

参考文献

［1］ПОТРУБАЧ Н Н，ПОГРЕБНЯК Р Г. Ресурсная обеспеченность как фактор повышения энергетической безопасности регионов России［J］. Микроэкономика，2014(2)：71 - 77.

［2］БЛИННИКОВ В В，СУЩЕВ С П，ЧАИКА А Л. О некоторых проблемах техногенной безопасности доменного производства［J］. Фундаментальные исследования，2011(8)：106 - 111.

［3］张振夫，王磊，郭涛. 冶金焦化企业生产安全事故因素浅析及对策［C］//2014 年十一省（市）金属（冶金）学会冶金安全环保学术交流会，2014：201 - 202.

［4］马岩，于冬雪，孙玉欣. 半定量风险评估法在冶金焦化企业的应用［J］. 工业卫生与职业病，2016，42(2)：134 - 137.

［5］焦玉书，牛京考，蔡鸿起. 建国60年中国采矿科学技术进步与展望［J］. 中国冶金，2010，20(2)：1 - 10.

［6］周勇，张新法，殷学勇. 冶金企业安全文化建设实践及成效［J］. 中国冶金，2017，27(8)：60 - 63.

［7］汪旭光. 关于低碳经济与民爆行业发展的思考［J］. 工程爆破，2009，15(3)：1 - 13.

［8］Federal Environmental，Industrial and Nuclear Supervision Service of Russia(Ростехнадзор). The Annual Reports of the Federal Environmental，Industrial and Nuclear Supervision Service of Russia in the period from 2009 to 2018［R/OL］. ［2019 - 10 - 01］. http：//www. gosnadzor. ru/public/annual_ reports/.

［9］ЧЕРНЫШЕв А В，ТРЕФИЛОВ В А. Усовершенствование контроля и процесса улавливания выбросов при коксохимическом производстве［J］. Вестник пермского национального исследовательского политехнического университета. Безопасность и управление рисками，2015(2)：61 - 66.

［10］КОРЧАГИН Д П，ЛЕБЕДЕВА Е А. Анализ причин чрезвычайных ситуаций на объектах металлургической отрасли［C］//Безопасность в чрезвычайных ситуациях сборник научных Всероссийской научно - практической конференции. Санкт - Петербургский политехнический университет Петра Великого. 2018：93 - 100.

［11］肖翔，武力. 略论新中国工业化起步时期的技术引进［J］. 开发研究，2015(1)：150 - 156.

[12] Federal State Statistic Service(Росстат). Russia in figures in the period from 2009 to 2018[R/OL]. [2019 – 10 – 01]. https：//www. gks. ru/folder/210/document/12993.

[13] The Ministry of the Russian Federation for Civil Defence， Emergencies and Elimination of Consequences of Natural Disasters(МЧС России). The Annual Reports of EMERCOM of Russia in the period from 2009 to 2017[R/OL]. [2019 – 10 – 01]. https：//www. mchs. gov. ru/activities/results.

[14] The Ministry of the Russian Federation for Civil Defence， Emergencies and Elimination of Consequences of Natural Disasters(МЧС России). State report on the state of protection of population and territory of the Russian Federation from natural and man – made emergencies in 2018[M]. Moscow：ФГБУ ВНИИ ГОЧС(ФЦ)， 2019：50 – 102.

[15] ШИШОВ Ю В. Безопасное развитие металлургического комплекса российской федерации[J]. Микроэкономика， 2014(2)：78 – 81.

[16] ПРИКАЗ Министерства промышленности и торговли РФ от 18 марта 2009 г. № 150 《Об утверждении Стратегии развития металлургической промышленности России на период до 2020 года》[Z]. 2009 – 03 – 18.

[17] ТАТАРКИН А И， ЦУКАНОВ В Х. Инновационное развитие черной металлургии как стратегический фактор обеспечения национальной экономической безопасности [J]. Микроэкономика， 2011(3)：79 – 82.

[18] 臧小为，沈瑞琪，尤尔托夫 Е В，等.2008—2017 年俄罗斯石油天然气及化学工业事故统计分析及启示[J]. 南京工业大学学报：自然科学版，2019，41(5)：593 – 602.

[19] 臧小为，沈瑞琪，尤尔托夫 Е В，等.2008—2017 年俄罗斯民用爆炸物品事故统计分析及启示[J]. 爆破器材，2020，49(1)：1 – 7.

[20] 臧小为，沈瑞琪，尤尔托夫 Е В，等.2008—2018 年俄罗斯煤炭工业事故统计分析及启示[J]. 煤矿安全，2020，51(3)：247 – 252.

[21] КРЫЛОВА Е А， ИЗВЕКОВ Ю А.О подходе к оценке техногенной безопасности металлургического производства [J]. Успехи современного естествознания， 2012 (6)：32 – 33.

[22] СЕМЕНОВА Е В. Экологические риски металлургического производства и пути их снижения [J]. Вестник Воронежского института высоких технологий， 2017， 4(23)：36 – 39.

[23] Federation Council of the Federal Assembly of the Russian Federation (Совет Федерации Федерального Собрания Российской Федерации). [1997 – 07 – 21]. Federal law No. 116 –

FZ "On industrial safety of hazardous production facilities" [Z/OL].

[24] РОСТЕХНАДЗОР. Перерегистрация ОПО металлургической промышленности. в соответствии с новой редакцией Закона №116 – ФЗ[J]. ТехНАДЗОР, 2013, 5(78)：64 – 65.

[25] Федеральная служба по экологическому, технологическому и атомному надзору (Ростехнадзор). Приказ Ростехнадзора от 30. 12. 2013 № 656《Правила безопасности при получении, транспортировании, использовании расплавов черных и цветных металлов и сплавов на основе этих расплавов》[Z]. 2013 – 12 – 30.

[26] 臧小为. 2009—2018 年俄罗斯冶金工业安全生产及监管现状研究[J]. 工业安全与环保, 2022, 48(6)：63 – 66.

6 俄罗斯兵器工业过程安全

6.1 引言

兵器工业是中国国防事业和经济建设发展中不可或缺的重要组成部分，属于各类危险源密集的工业部门。通过事故统计分析并揭示国内外兵器工业事故内在规律，研究并采用国内外先进的技术和现代化的安全管理措施对降低中国兵器工业事故发生率具有一定的现实意义和应用价值。

张国顺等回顾了中国兵器工业曾经发生的重大事故，总结了这些事故的规律和应该汲取的教训。1994 年，沈瑞琪等首次围绕 1950 ~ 1979 年中国兵器工业发生的 1367 例事故进行统计分析，揭示了中国兵器工业事故的规律和特点，提出事故预测方法的新概念。目前围绕美国、澳大利亚等发达国家的工业安全生产、安全监管体系等方面的研究较多，相比较而言，针对俄罗斯工业发展现状、事故特点的研究相对较少。2013 年，DUDAREV A A 等最先报道了俄罗斯职业安全体系在过去 20 年内严重恶化，每年超过 60% 的工伤事故与企业管理不善有关，为了确保俄罗斯职业伤害和人员伤亡统计数据真实可靠，引入了 1 个机构间互动和协作机制的新思想。一直以来，兵器工业是苏联，乃至俄罗斯国民经济中为数不多的支柱产业之一，这不仅体现在经济层面上，更多的是对俄罗斯国家安全以及创新型国家发展具有战略性意义。此外，新中国成立初期，为保障军工生产正常进行，中国兵工企业基本上是按照"苏联模式"设置安全管理机构，制定和颁发了一系列安全生产规章制度，为国防事业发展做出了应有的贡献。例如，企业职业安全卫生管理，国际上的统一称谓为"职业安全卫生"，在中国建国以来一直沿用苏联的叫法——"劳动保护（oxpaна труда）"。因此，基于历史渊源和中俄两国兵器工业发展及合作现状，有必要了解俄罗斯兵器工业现阶段生产事故特点、经验总结及安全监察监管现状。

本章主要基于俄罗斯联邦国家统计局（Poccтат）统计年鉴、俄罗斯技监署和俄罗斯联邦紧急情况部（MЧC России）年度报告等官方统计数据和俄文原始文献，以 2009～2018 年俄罗斯兵器工业事故为统计分析对象，针对事故起数、事故类型、事故死亡人数、事故地区分布等要素进行梳理、统计、分析和总结。

6.2 俄罗斯兵器工业发展的基本情况

基于官方统计数据，苏联时期年度国防预算曾一度占国民生产总值（GDP）的8%；上述数据事实上可能达到 15%～20%，甚至西方专家认为，达到惊人的20%~25%。苏联国防工业综合体 2000 多家机构中，有超过五百万从业人员，其中科研工作者近 100 万。苏联解体后，俄罗斯作为主要继承者，继承了苏联超过60% 的军工企业，80% 的军品生产能力和 70% 的国防工业科研机构。2016 年俄罗斯国防预算超过 3×10^{12}₽（约合 664×10^8\$），相当于 19.0% 的联邦支出预算或5.4% 的国民生产总值（GDP）。当前俄罗斯兵器工业仍然是俄罗斯工业领域高新技术密集和优先发展方向，目前从业人员超过 200 万，生产并提供了俄罗斯 70%的通信设备、60% 的复杂医疗设备、30% 的能源动力设备。

俄罗斯兵器工业科工贸相关机构主要隶属于俄罗斯联邦工业和贸易部（Минпромторга России）、俄罗斯联邦国防部（Минобороны России）、俄罗斯联邦国家技术集团（Государственной корпорации 《Ростех》）、俄罗斯联邦国家原子能集团（Государственной корпорации 《Росатом》）和俄罗斯联邦国家航天集团（Государственной корпорации 《Роскосмос》）等单位。按照工业门类划分，目前俄罗斯国防工业综合体中各类机构数量占比如下：电子工业为 38.5%；航空工业为 19.7%；舰船工业为 12.6%；常规武器工业为 10.4%；弹药及特种化学工业为 10.4%；宇航工业为 8.4%；其中俄罗斯兵器工业主要包括常规武器工业、弹药及特种化学工业。

现阶段俄罗斯联邦共设有 8 个联邦管区(Федеральный округ)，其下辖 85 个联邦主体(包括市、州、边疆区、共和国、自治州、自治区 6 种类型)，其中莫斯科市、圣彼得堡市、塞瓦斯托波尔市 3 座城市属于俄罗斯联邦直辖市。目前，俄罗斯联邦兵器工业企业分布于 69 个联邦主体，如：鞑靼斯坦共和国和巴什科尔托斯坦共和国，阿尔泰边疆区和彼尔姆边疆区、莫斯科州、列宁格勒州、车里雅宾斯克州、阿穆尔州、斯维尔德洛夫斯克州、新西伯利亚州、图拉州、下诺夫哥罗德州、萨马拉州和布良斯克州等。基于俄罗斯联邦国防订单量相关数据，中央联邦管区占比为 57.8%，西北联邦管区为 - 12.6%，伏尔加联邦管区为 - 12.3%，乌拉尔联邦管区为 - 6.0%，西伯利亚联邦管区为 - 4.4%；另根据国防订单完成情况相关数据，中央联邦管区占比为 49.6%，西北联邦管区为 - 22.7%，伏尔加联邦管区为 - 13.4%，乌拉尔联邦管区为 - 5.4%，西伯利亚联邦管区为 - 3.9%。

6.3　俄罗斯兵器工业事故的主要特点与安全监察监管现状

俄罗斯兵器工业科工贸相关机构除从事武器装备、武器弹药及航空航天燃料设计、实验和生产外，还开展退役/过期弹药、化学武器的回收和处理工作。上述危险物质和相关危险工序中涉及的生产、储存、运输及作业环节中的事故属于工业技术类事故。据统计：2010 年、2011 年俄罗斯兵器工业全年安全生产状况良好，无任何事故发生；2012 年俄罗斯兵器工业事故起数占工业技术类事故总数量的比例最低，仅为 0.44%；2016 年俄罗斯兵器工业事故起数及事故死亡人数在工业技术类事故中占比均最大，分别为 3.4% 和 1.5%；2014 年上述数据分别为 3.2% 和 1%，2018 年分别为 1.6% 和 1.6%，2009 年分别为 0.75% 和 0.44%。与俄罗斯石油天然气和化学工业事故相比，俄罗斯兵器工业事故起数及事故死亡人数在工业技术类事故死亡总人数中占比小。

6.3.1 俄罗斯兵器工业事故的主要特点

近年来，俄罗斯的国防采购订单和作为全球第二大军品出口国源源不断的对外军贸订单保证了俄罗斯兵器工业继续向前发展。2009～2018 年其兵器工业事故和国防支出相关情况如图 6-1 所示。

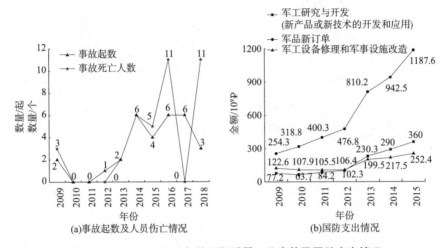

图 6-1 2009～2018 年俄罗斯兵器工业事故及国防支出情况

由图 6-1(a)可知，2009～2018 年俄罗斯兵器工业事故起数及人员伤亡数量总体呈逐年上升的趋势。值得注意的是，这跟俄罗斯工业技术领域其他类型事故呈现完全相反的特点，如俄罗斯石油天然气管道运输及储存事故、民用爆炸物品行业事故和煤炭工业事故。近年来，俄罗斯石油天然气管道运输及储存事故起数及百万千米管道事故率均呈下降趋势；俄罗斯民爆物品工业事故数、死亡人数及相应的事故率、死亡率均呈稳态分布，安全形势总体平稳，行业无重大事故发生；俄罗斯煤炭工业事故起数、死亡人数及百万吨煤死亡率呈现"3 个下降"规律。

由图 6-1(b)可知：近十年俄罗斯国防支出逐年增长，这其中用于军品新订单支出占较大比重；虽然 2016 年、2017 年、2018 年相关数据暂未披露，但是国防支出结构不会发生太大变化。不仅如此，俄罗斯国防订单完成度逐年提升，如2013 年国防订单完成度为 93%，2014 年为 -96.7%，2015 年为 -97.6%，2016

年达到98%。由此可以看出，俄罗斯兵器工业事故相对高发与近十年国防订单增多呈正相关性。高负荷的军品生产任务将导致设备磨损，此外员工素质和能力的良莠不齐进一步导致兵器工业安全生产风险增大。兵器工业生产任务增加一定程度上将导致事故增多。2009~2018年其兵器工业事故主要特征如图6-2所示。

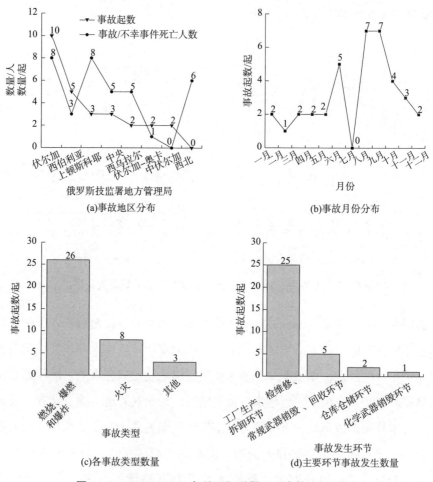

(a)事故地区分布

(b)事故月份分布

(c)各事故类型数量

(d)主要环节事故发生数量

图6-2　2009~2018年俄罗斯兵器工业事故主要特征

为了对生态环境、工业技术与原子能等领域实行有效的垂直安全监察监管，根据俄罗斯技监署第414号令(2017年10月9日)，当前在俄罗斯境内设有23个俄罗斯技监署地方管理局。由图6-2(a)可知，俄罗斯技监署伏尔加、西伯利亚地方管理局管辖区域兵器工业事故相对高发，其余依次为Верхне - донское、中

央、西乌拉尔地方管理局；上述俄罗斯技监署地方管理局驻地分别位于伏尔加联
邦管区鞑靼斯坦共和国喀山市、西伯利亚联邦管区克麦罗沃州克麦罗沃市、中央
联邦管区沃罗涅日州沃罗涅日市、中央联邦管区莫斯科市和伏尔加联邦管区奥伦
堡州奥伦堡市。由此可以看出，2009～2018 年俄罗斯兵器工业事故发生地主要
包括：伏尔加联邦管区、中央联邦管区和西伯利亚联邦管区，上述地区兵器工业
相关机构分布密度大。俄罗斯兵器工业事故高发地区与国防订单地区分布情况呈
对应关系。臧小为等研究发现，伏尔加联邦管区、西伯利亚联邦管区也分别属于
俄罗斯石油天然气及化学工业事故、煤炭工业事故高发地区。

2009～2018 年，俄罗斯兵器工业事故时间分布如图 6－2(b)所示。总的来
说，事故月份分布相对比较随机，第 3、4 季度事故发生率相对较高。由
图 6－2(c)可知，俄罗斯兵器工业意外事故发生时，爆炸、火灾事故比重最大，
这跟俄罗斯民用爆炸物品事故分类较为类似。由图 6－2(d)可知，2009～2018 年
俄罗斯兵器工业事故及人员伤亡主要发生在弹药及特种化学工厂生产、检维修等
环节，而在仓库仓储等环节事故较少，仅 2009 年 9 月 23 日沃罗涅日市军火库发
生爆炸事故，就造成 1 人死亡，43 人受伤。

与中国不同的是，当前俄罗斯兵器工业承担着较重的弹药、化学武器回收或
销毁任务。2009～2018 年，在弹药/化学武器回收、销毁环节，俄罗斯兵器工业
就发生了数起事故。如 2012 年 10 月 29 日斯维尔德洛夫斯克州 Реж 市某企业开
展弹药销毁工作时，发生意外事故；2014 年 8 月 19 日马里埃尔共和国某企业弹
药销毁过程由于静电意外作用，发生事故；2016 年 9 月 16 日、28 日加里宁格勒
州、列宁格勒州弹药销毁过程发生 2 起事故，共造成 5 人死亡，以及 2018 年 8
月 31 日弹药销毁过程中发生意外爆炸事故，造成 6 人死亡，6 人受伤；此外，
2013 年 5 月 30 日，某化学武器销毁单位员工开展化学武器销毁作业时发生不幸
事故，造成 1 人死亡。图 6－3 为 2009～2018 年其兵器工业事故主要技术和管理
方面原因。

由图 6－3(a)可知，静电意外作用、专用生产设备存在设计缺陷和危险物质
化工过程反应失控是导致俄罗斯兵器工业事故主要的技术方面原因。如 2013 年
10 月 24 日喀山军工厂，由于摩擦产生的静电导致甲苯蒸汽瞬时点火失控，发生
火灾事故；2014 年 5 月 7 日新西伯利亚州 Искитим 市某工厂生产过程中静电导

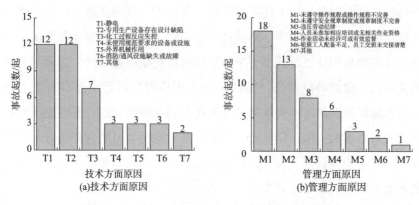

图6-3 2009~2018年俄罗斯兵器工业事故原因

致爆炸，致3人死亡；2016年3月11日坦波夫军工厂，由于工人未正确穿戴防静电工作服，静电导致火炸药意外爆炸，致5人死亡；2018年4月10日哈巴罗夫斯克边疆区某企业机电维修过程中的静电火花意外引爆待销毁处理的火炸药，2人受伤。专用生产设备存在设计缺陷和危险物质化工过程反应失控导致的典型事故如下：2012年10月29日斯维尔德洛夫斯克州 Реж 市某企业采用焚烧法开展弹药销毁工作时，由于焚烧炉设计缺陷发生意外事故；2013年10月24日喀山军工厂火灾事故原因包括搅拌混合过程静电累积，且相关设备无可靠接地；2014年2月20日下诺夫哥罗德州 Дзержинск 市某工厂弹药生产过程中发生爆炸，致1人死亡，事故调查发现，工艺过程本质安全程度低是事故发生的主要原因，如设备无紧急泄压装置、无安全联锁装置；2014年9月28日喀山某军工厂火炸药压装过程中，由于冷却系统故障发生爆炸事故；2018年8月5日图拉州、2018年8月14日彼尔姆边疆区军工厂同样在火炸药压装过程中，由于设备故障、静电等危险因素连续发生两次燃爆事故，共造成2人死亡，3人受伤。

由图6-3（b）可知，从业人员违反操作规程、未遵守安全规章制度和违反劳动纪律是俄罗斯兵器工业事故主要的管理方面原因。典型事故如下：2012年11月28日、2015年9月30日坦波夫军工厂，在火炸药生产和干燥环节，由于员工未遵守安全操作规程、安全管理制度和劳动纪律（如员工工作期间饮酒），导致火灾爆炸事故；2014年12月1日、2015年9月29日新西伯利亚市某军工厂季戊四醇四硝酸酯（太安）生产线中多次发生爆炸事故、事故技术原因包括反应温度过高、反应过程未有效监控和安全连锁，但是主要的事故原因属于企业安全管理上的漏洞；2017年3月24日喀山军工厂生产过程中，员工擅自改变工艺流程，发生火灾事故；2018年10月8日彼尔姆边疆区，在某企业生产装置拆解过程中，由于事前未对装置内残留的危险物质进行销爆处理，发生意外爆炸事故，致3人死亡。由此可以看出，俄罗斯兵器工业中极少数企业多次发生严重安全生产事故，根据事故致因理论中的相关原理，人、物、环境、管理是造成事故的关键因素，但是管理却是造成事故的本质原因。为了消除人、物、环境的不安全状态，必须把落脚点放在提高管理的本质安全化水平上。

6.3.2　俄罗斯兵器工业安全监察监管现状

2009~2018年俄罗斯兵器工业常规武器、弹药及特种化学生产领域事故相对高发。基于俄罗斯联邦法律第116 – Φ3号《危险生产项目工业安全法》(2013年3月4日修订，2018年7月29日最新修订)，围绕包括兵器工业在内的工业技术类安全监察监管，自2014年俄罗斯国内开始建立风险导向性监管机制。以兵器工业为例，俄罗斯境内所有的国防工业综合体及附属设施风险值重新评估、分级和登记，其中风险级别包括Ⅰ、Ⅱ、Ⅲ、Ⅳ 4级，第Ⅰ级危险性最高，实行国家不间断安全监察监管制度；第Ⅳ级危险源不需进行安全监管。图6–4为其兵器工业危险生产设施数量及危险分级情况。

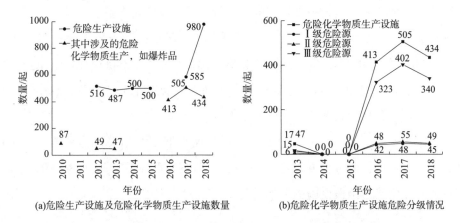

(a)危险生产设施及危险化学物质生产设施数量　　　(b)危险化学物质生产设施危险分级情况

图6–4　2009~2018年俄罗斯兵器工业危险生产设施数量及危险分级情况

注：(a)2009年数据不详；(b)2009~2012年数据不详。

虽然部分年份数据缺失，由图6-4(a)可以看出，随着国防订单量的增多，近年来俄罗斯兵器工业危险生产设施及其中包括的危险化学物质生产设施数量有较大增长。以兵器工业危险化学物质生产设施为例，如图6-4(b)所示，绝大部分设施属于第Ⅲ级危险源，属于第Ⅰ、Ⅱ级危险源的比重较小。针对不同风险值的兵器工业危险生产设施，俄罗斯技监署地方管理局采取相对应的安全监察监管手段和措施。图6-5为2009~2018年其兵器工业安全监察监管情况。

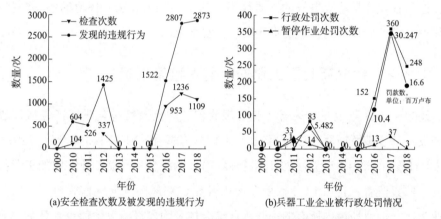

(a)安全检查次数及被发现的违规行为　　(b)兵器工业企业被行政处罚情况

图6-5　2009~2018年俄罗斯兵器工业安全监察监管情况

由图6-5可知，与2008年以来俄罗斯煤炭工业安全监察监管现状不同的是，即便实行风险导向性监管机制，近年来针对俄罗斯兵器工业生产安全的国家监察监管力度加大，检查中被发现的违规行为及行政处罚次数、行政处罚罚金均有大幅提升。这主要与近十年来俄罗斯兵器工业较高的生产安全事故发生率有关，如2017年5月11日俄罗斯联邦政府专门出台了"关于在特种化学工业领域加强安全监管"的政府法规，主要目的在于加强兵器工业生产经营过程中安全风险管理，预防和减少兵器工业生产安全事故。

与中国不同的是，2009~2018年，俄罗斯兵器工业相关机构销毁了大量化学武器，俄罗斯技监署也开展了相应的安全监察监管工作。表1为2009~2018年俄罗斯化学武器销毁设施的基本情况。

表 6-1 2009~2018 年俄罗斯化学武器销毁设施基本情况

序号	设施名称及所在地	Ⅰ级危险源	Ⅱ级危险源	Ⅲ级危险源	Ⅳ级危险源	合计
1	《Леонидовка》- 奔萨州	1	0	4	5	10
2	《Почеп》- 布良斯克州	1	1	4	1	7
3	《Марадыковский》- 基洛夫州	0	2	4	2	8
4	《Камбарка》- 乌德穆尔特共和国	0	0	3	2	5
5	《Кизнер》- 乌德穆尔特共和国	1	1	3	1	6
6	《Щучье》- 库尔干州	2	0	4	1	7
	合计	5	4	22	12	43

由表 6-1 可以看出，承担化学武器销毁任务的危险生产设施，绝大部分属于第Ⅲ级危险源，属于第Ⅰ、Ⅱ级危险源的占比较小。俄罗斯化学武器销毁工作从 2009 年开始，仅 2009 年就销毁了俄罗斯联邦 45% 的化学武器储备。截至 2015 年 12 月 31 日，共销毁了 36755.51t 化学武器，占俄罗斯联邦化学武器总量的 92%；五处化学武器销毁点完成了全部的化学武器销毁工作，目前只有位于俄罗斯乌德穆尔特共和国的化学武器销毁设施《Кизнер》继续开展化学武器销毁工作。为了顺利完成俄罗斯联邦化学武器销毁国家任务 – федеральной целевой программы 《Уничтожение запасов химического оружия в Российской Федерации》，俄罗斯技监署开展了卓有成效的安全监察监管工作，俄罗斯兵器工业在化学武器销毁领域事故率近似为零。现阶段中国兵器工业事故主要集中于兵工生产领域，中国需吸取俄罗斯在弹药/化学武器回收处理中的安全监管及事故经验并对其总结，以防止类似事故的发生。

6.4 结论

俄罗斯兵器工业属于俄罗斯国民经济中不可或缺的支柱产业，同时属于各类危险源密集的工业部门。本章基于俄罗斯官方统计数据，以 2009~2018 年俄罗斯兵器工业事故为统计分析对象，针对事故起数、事故死亡人数、事故类型、事故地区分布及原因等进行讨论。主要结论如下。

（1）2009~2018 年，俄罗斯兵器工业事故及人员伤亡主要发生在弹药及特种化学工厂生产、检维修等环节；俄罗斯兵器工业事故起数和人员伤亡数量总体呈逐年上升的趋势，俄罗斯兵器工业事故相对高发跟近十年国防采购订单增多呈正相关性；伏尔加联邦管区、中央联邦管区和西伯利亚联邦管区属于俄罗斯兵器工业事故高发地区；爆炸、火灾事故是俄罗斯兵器工业事故主要的事故分类。

（2）静电意外作用、生产设备存在设计缺陷和危险物质化工过程反应失控是导致俄罗斯兵器工业燃爆事故主要的技术方面原因；从业人员违反操作规程、未遵守安全规章制度和违反劳动纪律是俄罗斯兵器工业事故主要的管理方面原因。

（3）与俄罗斯煤炭工业等领域安全监察监管不同，近年来针对兵器工业安全监察监管大幅增加，发现的违规行为及其中的行政处罚次数大幅提升，这主要与俄罗斯兵器工业近年来较高的生产安全事故发生率有关；俄罗斯兵器工业已基本完成俄罗斯联邦化学武器销毁任务，俄罗斯技监署开展了相应的安全监察监管工作，化学武器销毁领域事故率近似为零。中国需重视特种化学工厂生产、弹药/化学武器回收处理中的各类安全生产问题。

参考文献

[1]张国顺. The review of production – safety situation in defense industry of China in the past 50 years[J]. 兵工安全技术，2000(2)：5 – 9.

[2]中国兵器工业总公司生产安全局. Focus of the production – safety tasks in defense industry of China in 1997[J]. 兵工安全技术，1997(1)：4 – 5.

[3]万志军. Graphic analysis of accidents in defense industry of Southwest China[J]. 兵工安全技术，1997(1)：43 – 45.

[4]沈瑞琪，叶迎华，戴实之. Characteristics of the accident distritution in the chinese weapon industry[J]. 中国安全科学学报，1994，4(3)：36 – 40.

[5]汪旭光. Thingking on the development of low carbon economy and civil blasting industry[J]. 工程爆破，2009，15(3)：1 – 13.

[6]DUDAREV A A, KARNACHEV I P, ODLAND J. Occupational accidents in Russia and the Russian Arctic[J]. International Journal of Circumpolar Health, 2013(72): 20458(1 – 6).

[7]KHRUSTALEV E Yu(ХРУСТАЛЕВ Е Ю), LAVRINOV G A(ЛАВРИНОВ Г А), KOSENKO A A(КОСЕНКО А А). Innovative climate in science – intensive and high – tech complexes of the Russian economy [J]. Economic Analysis: Theory and Practice (Экономический анализ: теория и практика), 2013, 17(320): 2 – 9.

[8] 周忠元, 陈桂琴. 化工安全技术与管理[M]. Beijing: Chemical Industry Press, 2002: 7.

[9] Federal State Statistic Service(Россtat). Russia in figures in the period from 2009 to 2018[R/OL]. [2019 – 10 – 01]. https://www.gks.ru/folder/210/document/12993.

[10] Federal Environmental, Industrial and Nuclear Supervision Service of Russia(Ростехнадзор). The Annual Reports of the Federal Environmental, Industrial and Nuclear Supervision Service of Russia in the period from 2009 to 2018[R/OL]. [2019 – 10 – 01]. http://www.gosnadzor.ru/public/annual_ reports/.

[11] The Ministry of the Russian Federation for Civil Defence, Emergencies and Elimination of Consequences of Natural Disasters(МЧС России). The Annual Reports of EMERCOM of Russia in the period from 2009 to 2017[R/OL]. [2019 – 10 – 01]. https://www.mchs.gov.ru/activities/results.

[12] The Ministry of the Russian Federation for Civil Defence, Emergencies and Elimination of Consequences of Natural Disasters(МЧС России). State report on the state of protection of population and territory of the Russian Federation from natural and man – made emergencies in 2018[M]. Moscow: ФГБУ ВНИИ ГОЧС(ФЦ), 2019: 50 – 102.

[13] DYATLOV S A, SELITCHEVA T A. Military – industrial complex as the basis of innovative economy[J]. Herald of Omsk University. Series"Economics", 2009(4): 6 – 20.

[14] ERYGINA L V, SERDYUK R S. Growth trends of Russian space industry[J]. Journal of Siberian State Aerospace University named after Academician M F. Reshetnev, 2014, 1(53): 207 – 211.

[15] AGEEV A I. Security of Russia. Legal, socio – economic, scientific and technical aspects. High – tech complex and security of Russia. Part one: high – Tech complex of Russia: fundamentals of economic development and security[M]. Moscow: 《Знание》 press, 2003: 226 – 252.

[16] TSVETKOV V A. Russia's military – industrial complex: problems and prospects of development, short version of the report in the second conference"Economic potential of industry in the service of the military – industrial complex", Moscow, Russia, November 9 – 10 2016[C]//Moscow: Financial University under the Government of the Russian Federation, 2016.

[17] GLUSHKOVA V G, PLISETSKY E E. Federal districts of Russian Federation. Regional economy[M]. Moscow: 《КноРус》 press, 2018: 210 – 215.

[18] SMUROV A M. Problematical issues of the state defense order implementation and possible methods of their solution[J]. Journal of St. Petersburg State University of Economics, 2017, 4(106): 27 – 35.

[19] NAMITULINA A Z, BEDELOVA U M. Improving the efficiency of the state financial control in the sphere of high – tech military – industrial complex[J]. Modernization. Innovation. Research, 2016, 7(2): 48 – 53.

[20]臧小为, 沈瑞琪, ЮРТОВ Е В, 等. Statistical analysis and lessons of accidents in Russian petroleum, natural gas and chemical industry during 2008 and 2017[J]. 南京工业大学学报：自然科学版, 2019, 41(5): 593 – 602.

[21]臧小为, 沈瑞琪, ЮРТОВ Е В, 等. Statistical analysis and enlightenment of accidents in civil explosive industry of Russia from 2008 to 2017[J]. 爆破器材, 2020, 49(1): 1 – 7.

[22]臧小为, 沈瑞琪, 尤尔托夫 Е В, 等. 2008—2018 年俄罗斯煤炭工业事故统计分析及启示[J]. 煤矿安全, 2020, 51(3): 247 – 251 + 256.

[23]Department of economic analysis and forecasting of the Ministry of defense of the Russian Federation. Annual statistical compendium 2015[M]. Москва: The Ministry of Defense of the Russian Federation, 2016: 122 – 138.

[24]MECHANIC A, KHAZBIEV A. Except "Kalashnikov"[J]. Expert, 2017(9): 13 – 19.

[25]Federation council of the federal assembly of the russian federation. Federal law No. 275 – FZ "On the state defense order"[Z]. 2012.

[26]BASHKIROV E R, IVAKHA G Yu, YUMASHEVA E V. Russia in the world armament market: the present state and prospects of development[J]. International Student Research Bulletin, 2018 (4): 758 – 762.

[27]Federal Environmental, Industrial and Nuclear Supervision Service of Russia. Order No. 414 "About modification of separate administrative regulations of federal service for environmental, technological and nuclear supervision on execution of the state functions on implementation of the state control(supervision) for the purpose of bringing into compliance with the legislation of the Russian Federation about the state control(supervision)"[Z]. 2017.

[28]Federation Council of the Federal Assembly of the Russian Federation. Federal law No. 116 – FZ "On industrial safety of hazardous production facilities"[Z]. 1997.

[29]Government of the Russian Federation. Decree No. 455 of the government of the Russian Federation "On continuous state supervision regime at hazardous production facilities and hydraulic structures"[Z]. 2012 – 05 – 05.

[30]Government of the Russian Federation. Decree No. РД – П7 – 303с of the government of the Russian Federation "On tightening control over production – safety of Russian military chemical factories"[Z]. 2017.

[31]臧小为, 沈瑞琪, 尤尔托夫 Е В, 等. 2009—2018 年俄罗斯兵器工业事故统计分析及启示[J]. 安全与环境学报, 2020, 20(6): 2456 – 2464.

7 俄罗斯民用爆炸物品工业过程安全

7.1 引言

近年来，随着中国民爆物品行业快速发展，行业重大安全事故仍时有发生。通过事故统计分析揭示国内外民爆事故内在规律，研究并采用国内外先进的技术和现代化的安全管理措施对降低中国民爆物品行业事故发生率具有一定的现实意义和应用价值。蒋荣光通过对民爆器材企业安全生产事故、安全生产现状、安全生产薄弱环节等方面进行分析，从安全技术管理、安全技术保障等方面提出了应采取的相关对策。王艳平等对中国民爆行业安全生产形势进行了分析，研究结果表明，民爆安全生产形势不容乐观。目前围绕美国、澳大利亚等发达国家的民爆物品生产、使用及监管特点的研究较多，针对俄罗斯民爆物品工业发展现状、事故特点及启示的研究相对较少。俄罗斯属于世界能源和资源大国，其民爆物品行业具有悠久的发展历史。据统计，2017 年俄罗斯工业炸药产量为 1.825×10^6 t，其他民爆物品产量也居世界前列。基于俄罗斯的人口基数、经济规模和社会局势，俄罗斯民爆物品行业面临着较大的化工过程安全和社会公共安全压力。

本章主要基于俄罗斯联邦官方统计数据和俄文原始文献，以 2008~2017 年俄罗斯民爆物品事故为统计分析对象，针对事故起数、事故类型、事故死亡人数、事故地区分布等要素进行梳理、统计和分析，在此基础上总结提炼出现阶段俄罗斯民爆物品行业发展的主要特征，以及俄罗斯民爆物品事故及人员伤亡的主要原因。

7.2　俄罗斯民爆物品事故统计分析

基于俄罗斯联邦国家统计局(Россстат)数据，以 2016 年为例，俄罗斯联邦 GDP 为 858806×10^8 ₽，民爆物品工业产值为 309×10^8 ₽，在俄罗斯联邦经济总量中占比仅为 0.036%。2008 ~ 2017 年，俄罗斯民爆物品行业从业人员总数量呈持续减少趋势。与 2008 年从业人员 53655 人相比，2016 年(30000 人)减少了 44.1%，2017 年(25000 人)减少了 53.4%。结合经济规模和从业人员数量，俄罗斯民爆物品工业在俄罗斯国民经济领域中属于较小的行业。

俄罗斯民爆物品生产、储存、运输及作业环节中的事故属于工业技术类事故。2008 ~ 2017 年，2008 年俄罗斯民爆物品事故占工业技术类总事故的比例最低，仅为 0.3%；2012 年俄罗斯民爆物品事故死亡人数占工业技术类事故死亡总人数的比例最低，仅为 0.17%。2009 年俄罗斯民爆物品事故及事故死亡人数在工业技术类事故中占比均最大，分别为 2.3% 和 1.8%；2016 年上述数据分别为 1.1% 和 0.4%，2017 年分别为 2.3% 和 0.6%。从绝对值看，俄罗斯民爆物品事故及事故死亡人数在工业技术类事故死亡总人数中占比小。

7.3　俄罗斯民爆物品事故

7.3.1　民爆物品生产安全事故及原因

2008 ~ 2017 年，俄罗斯国内生产的民爆物品主要用于煤矿开采、铁矿石及有色金属矿石开采。以 2016 年为例，俄罗斯民爆物品应用领域分布和占比情况如下：煤矿开采为 – 57%；铁矿石及有色金属矿石开采为 – 15%；金矿开采为 – 13%；石头开采为 – 7%；非金属矿石开采为 – 3%；建筑工程施工为 – 1%；其他为 – 4%。

基于俄罗斯联邦国家统计局统计年鉴，2008 ~ 2017 年，俄罗斯年采掘矿石产量总体上呈逐年增长态势。这跟俄罗斯民爆物品工业的发展情况基本吻合，如俄罗斯 2008 年、2010 年、2016 年及 2017 年工业炸药年产量分别为 1.134×10^6 t、1.171×10^6 t、1.507×10^6 t 及 1.825×10^6 t。由此可以得出，2008～2017 年，在俄罗斯民爆物品生产、作业环节，以及相配套的储存和运输过程中，民爆物品过程安全和社会公共安全压力随之增大。在民爆物品生产、储存、运输及作业环节中，2008～2017 年其民爆物品事故的相关情况如图 7-1 所示。

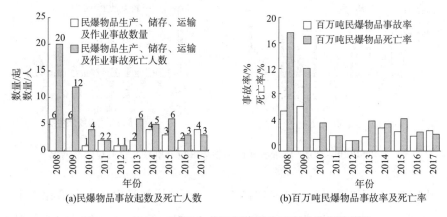

图 7-1　2008—2017 年俄罗斯民爆物品事故的相关情况

在民爆物品年生产量/年使用量逐年增加的背景之下，2008～2017 年，除 2008 年、2009 年，俄罗斯民爆物品事故起数/死亡人数及相应的百万吨民爆物品事故率/死亡率均呈稳态分布（图 7-1），安全形势总体平稳，行业无重大事故发生。这可能与政府持续加强安全生产监管监察、行业技术不断发展和进步有关。

根据俄罗斯联邦政府第 401 号政府令（2004 年 7 月 30 日），俄罗斯技监署承担包括民爆物品行业在内的俄罗斯生态环境、工业技术及原子能领域的全方位安全监察监管职责。为了实行有效的垂直监察监管，根据俄罗斯技监署第 414 号令（2017 年 10 月 9 日），目前在俄罗斯境内设有 23 个俄罗斯技监署地方管理局。据统计分析，2010～2017 年俄罗斯民爆物品事故在俄罗斯技监署地方管理局管辖的乌拉尔地区呈高发态势，其次分别为西北管理局、伏尔加管理局等。上述现象可能与俄罗斯乌拉尔地区巨大的石油、天然气及金属矿藏开采有关，如乌拉尔地区石油和天然气的储量和开采量均居全俄第 1，铁矿的储量和开采量均居全俄第 2，铜矿储量位居全俄第 3，铝土矿储量占全俄的 24%，该区位于巨大的金成矿区。这在一定程度上导致了俄罗斯乌拉尔地区民爆物品事故率较高。图 7 - 2 为 2008 ~ 2017 年其民爆物品事故及事故死亡人数分类情况。

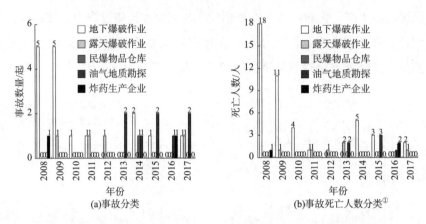

图 7 - 2　2008 ~ 2017 年俄罗斯民爆物品事故及事故死亡人数分类情况

由图 7 - 2 可以看出，2008 ~ 2017 年俄罗斯民爆物品事故及人员死亡主要发生在地下爆破作业、油气地质勘探等民爆物品使用过程中，尤其是在地下爆破作业过程中，在民爆物品生产、储存、运输等环节事故极少。如 2008 年俄罗斯民爆物品行业 20 名遇难者中 18 人在地下矿井爆破作业时遭受致命打击；2009 年 12 名遇难者中 11 人在地下矿井爆破作业时死亡。与此形成鲜明对比的是，近年来中国民爆行业发展较快，但是与此同时，在民爆物品生产过程、储存及运输环节重大安全事故时有发生，甚至在相对安全的乳化炸药生产过程中也发生数起事故，造成重大的人员伤亡和财产损失。此外，俄罗斯民爆物品意外事故发生时，爆炸冲击波对人体的直接作用是导致人员伤亡的主要危害因素。跟其他类型生产安全事故相比，加强个体安全防护对防止或减轻民爆物品燃爆事故破坏效应作用有限。因此必须从源头上，采取相应的技术和管理措施，阻断民爆物品事故链的形成和传播。图 7 - 3 为 2008 ~ 2017 年俄罗斯民爆物品事故主要技术和管理方面原因。

①　2008 年 1 人死亡，原因不详；2013 年 2 人死于特种爆破。

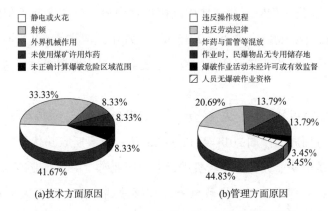

图 7-3　2008～2017 年俄罗斯民爆物品事故原因

　　由图 7-3(a)可知，静电、火花和射频是导致俄罗斯民爆物品燃爆事故的主要的技术方面原因。2008 年 12 月 11 日，俄罗斯联邦西北联邦管区摩尔曼斯克州地下矿山使用不含梯恩梯的粒状炸药－гранулит АС－8(含硝酸铵、柴油和片状超细铝粉颗粒)开展爆破作业时，当风动装药机往炮孔装药时发生意外爆炸，导致 12 人死亡。调查发现，最可能的原因是机械作用、静电放电等产生的静电火花先引起含超细铝粉颗粒的空气混合物闪燃，产生局部热点，随后装药机药室内炸药组分开始燃烧(或者最开始的闪燃即发生在药室内)，风动装药机内部压力开始急剧上升导致阀门关闭，最终装药机内炸药爆轰。调查还发现，此类炸药内还含有镁粉等杂质。2016 年 4 月 1 日，俄罗斯联邦西伯利亚联邦管区哈卡斯共和国某企业炸药固定制造点对某生产装置排气系统开展拆除作业时，由于未使用防静电工具导致柴油爆燃事故，致 2 人死亡。由此可以看出，对于民爆物品工业来说，选用本质安全化程度高的设备以及设备的日常维护及管理非常重要。刘大斌等对中国民爆行业设备安全管理提出了类似建议，指出民爆物品工业涉爆关键设备宜施行行业准入和备案管理制度。

　　此外，在俄罗斯矿山爆破作业过程中，静电火花、射频或外界机械作用通常先引起起爆器材早爆，然而由于现场管理的混乱，如装药机装填炮孔时人员滞留现场、炸药与起爆器材混放等，导致大规模爆炸灾害的发生，如 2014 年 6 月 22 日俄罗斯联邦伏尔加联邦管区奥伦堡州地下矿山爆破作业时，起爆器材早爆导致炸药－Граммотол－20(含硝酸铵、梯恩梯、柴油等液体石化产品)发生爆炸，致

4 人死亡，2 人受伤；俄罗斯油气地质勘探过程中也发生过多起类似的爆炸事故（2011 年、2012 年、2013 年 2 起、2015 年）。另外，煤矿爆破开采时，由于未使用安全的煤矿许用型炸药开展作业，引发了瓦斯、煤尘燃爆事故，造成重大的人员伤亡（2009 年）。

由图 7 - 3（b）可知，从业人员违反操作规程和劳动纪律是俄罗斯民爆物品事故主要的管理方面原因。如 2014 年 12 月 23 日，俄罗斯联邦伏尔加联邦管区奥伦堡州某地下矿山从业人员对装药机进行电焊作业时，由于作业前未对装药机内部残留物质进行清理和销爆，导致意外爆炸事故的发生，致 1 人死亡；2011 年 12 月 3 日俄罗斯联邦远东联邦管区哈巴罗夫斯克边疆区阿穆尔金矿爆破作业时，违规将 16kg 阿莫尼特炸药 – аммонит 6ЖВ（含硝酸铵、梯恩梯）、起爆器材和掘进工人同车往井下运输，运输过程中车辆摩擦产生的静电累积导致意外爆炸事故的发生，致 1 人死亡，2 人受伤；2009 年俄罗斯联邦乌拉尔联邦管区斯维尔德洛夫斯克州煤矿 –《Естюнинская》发生的类似事故导致 9 人死亡；2015 年 12 月 4 日某油气地质勘探作业现场也发生了类似的事故。2011 年、2013 年、2014 年发生了多起违反劳动纪律事故，如当爆破作业进行时，作业人员或无关人员滞留爆破现场导致重大人员伤亡；2015 年 1 月 17 日，当爆破作业结束后，爆破工将剩余的民爆物品带回住处，民爆物品在烤燃环境下发生爆炸事故。

7.3.2　民爆物品非法流失及原因

由于民爆物品不同于一般危险化学品，一旦非法流失到社会极易引发各类事故，严重危害公共安全。自 20 世纪 80 年代以来，发达国家的民爆行业在产品包装标识方面广泛采用自动喷码技术，实现了产品标识的自动化与标准化。目前俄罗斯民爆物品工业广泛采用类似的溯源技术手段，然而由于管理上的漏洞和人为主观因素，2008 ~ 2017 年，俄罗斯民爆物品行业发生多起民爆物品流失案件（含人为偷窃案件），均未造成人员伤亡。

据统计分析，2008 ~ 2017 年，由于人为盗窃导致的民爆物品流失案件数量占比大，除 2012 年、2013 年分别为 40% 和 25% 以外，其余年份占比均不小于50%。俄罗斯后贝加尔、西伯利亚地区发生的民爆物品流失案件及其中包括的人为偷窃案发率最高，这可能与当地较大的民爆物品使用量、社会经济发展水平低和地方安全监察监管不力有关。此外，绝大部分民爆物品流失（含偷窃）案件发生在民爆物品使用地，尤其是在地下矿山开采现场；导致俄罗斯民爆物品流失案件的主要原因属于管理方面的漏洞。

根据事故致因理论中的相关原理，人、物、环境、管理是造成事故的关键因素，但是管理却是造成事故的本质原因。为了消除人、物、环境的不安全状态，必须首先把落脚点放在提高管理的本质安全化水平上。其次从技术层面上进一步增强对民爆物品的社会公共安全管控，针对民爆物品仓储、使用环节应采用最新的技术措施防范偷窃事故的发生，针对民爆物品生产、流通过程应不断开发应用先进可靠的信息化流向控制技术。从软件和硬件两个方面提高整个行业的安全技术和管理水平，防止同类事故重复发生。

7.4 俄罗斯民爆物品行业发展特点

2008～2017 年俄罗斯民爆物品事故及人员死亡主要发生在地下爆破作业过程中，而在民爆物品生产、储存、运输等环节事故极少，因此有必要了解2008～2017 年俄罗斯民用爆炸物品行业发展特点。

据统计分析，2008～2017 年，俄罗斯从事民爆物品生产、储存、运输及作业的单位数量以及爆破从业人员数量基本保持稳定。与 2008 年相比，2016 年单位数量及爆破从业人员数量分别减少了 4.8% 和 12.3%，2017 年减少了 18%、12.3%。结合俄罗斯民爆物品行业从业人员总数量变化情况可知，从事民爆物品生产、储存及运输的人数显著下降。然而，如前所述，2008～2017 年，俄罗斯民爆物品年产量逐年增加。与 2008 年相比，2016 年、2017 年俄罗斯工业炸药产量分别增长了 32.9%、60.9%。造成上述现象的原因主要有两方面：一方面生产每百万吨民爆物品所需要的工人数量减少，生产效率和本质安全度提高，这跟当前世界范围内民爆物品工业"机械化减人，自动化换人"的发展趋势相一致；另一方面当前俄罗斯炸药现场混装十分普遍，在露天矿和地下矿井中均有相应的混装车，导致对从事民爆物品储存及运输的人员需求减少，间接地也使人员伤亡事故率下降。

7.4.1 工业炸药发展现状及趋势

根据不同作业环境的特点，需选择相应种类的工业炸药开展作业。目前俄罗斯工业炸药种类众多，2008～2017 年俄罗斯工业炸药发展情况呈如下特点。

(1)俄罗斯工业炸药现场混装占比逐年升高，2008 年占比为 70.6%，2016 年高达 86.8%，而与此对应的工厂固定点炸药生产比重逐年下降。工业炸药现场混装技术是集炸药的生产、运输、装填于一身，具有线上留存爆炸物很少的特点，可以大大避免传统的炸药生产、储存和运输过程中的各类安全风险。根据中国"十三五"行业规划中提出的"2020 年现场混装炸药比重占工业炸药比重大于30%"的目标，可以看出，虽然工业炸药现场混装技术及其应用在中国获得一定进展，但是与俄罗斯相比，差距还相当大。

(2)俄罗斯含梯恩梯工业炸药产量及占比逐年减小。如 2008 年、2016 年工厂固定点炸药生产产量分别为 $333 \times 10^3 t$、$207 \times 10^3 t$，其中包含的含梯恩梯工业炸药产量分别为 $180 \times 10^3 t$、$89 \times 10^3 t$，占比分别为 54.1%、43%。总的来说，含梯恩梯工业炸药爆炸威力大、作用效率高，在矿山开采过程中深受爆破企业欢迎。但是在梯恩梯生产、使用的过程中会导致严重的环境和人员职业卫生问题。此外在俄罗斯地下矿山爆破作业过程中发现，采用含片状超细铝粉颗粒和梯恩梯组分的工业炸药开展爆破作业存在安全隐患，此时应选用分散性良好的粗铝粉颗粒($40 \sim 500 \mu m$)或经表面包覆改性处理的铝粉颗粒及无梯恩梯组分炸药。

(3)目前位于俄罗斯不同地区的 168 家不同所有制企业和组织生产和分销工业炸药，这其中包括所有的俄罗斯大型矿业公司，以及俄罗斯私人和外国公司。俄罗斯矿业公司生产的炸药用于其矿山开采，具有生产爆破服务一体化的发展特点。此外俄罗斯民爆物品行业产业集中度高，如 2016 年俄罗斯两家企业(《Нитро – Сибирь》《Азот – Взрыв》)现场混装工业炸药产量占俄罗斯现场混装工业炸药总产量的 52.2%，其中现场混装乳化炸药占比为 63.4%；2016 年俄罗斯炸药生产专门企业(《Знамя》)工厂固定点炸药生产产量占俄罗斯工厂固定点炸药总产量的 31.2%，其中工厂固定点乳化炸药占比为 46.9%。由此可以看出，俄罗斯民爆物品行业拥有相当数量的具有行业带动力与国际竞争力的龙头企业，顺应国际民爆物品工业主流发展趋势。

(4)乳化炸药是典型高能低感民用含能材料的优先发展方向。据统计分析，乳化炸药产量在俄罗斯工业炸药总产量以及现场混装工业炸药产量中的占比大，2017年上述数据分别为66.1%和91.5%。基于美国地质调查局相关数据，目前全世界主要使用的工业炸药种类及占比如下：铵油炸药为－46%，乳化炸药(含水胶炸药)为－37%，其他种类炸药为－17%。由此可以看出，与俄罗斯不同的是，在世界范围内民爆物品行业更多地选用价格便宜、本质安全性低的铵油炸药。研究发现，为了保证铵油炸药使用的安全性，铵油炸药在生产过程中添加的石化产品组分(如柴油)闪点应不低于60℃。

7.4.2 起爆器材生产基本情况及发展趋势

爆破作业过程中，起爆器材的正确选用对爆破设计和爆破安全来说是至关重要的因素。选用爆破器材，除了成本、可靠性、适用性、使用简便以及对运输和储存的考虑外，爆破器材本质安全性是第一个要考虑且不能折中的因素。汪旭光等综述了俄罗斯截至2003年起爆器材及起爆系统的发展概况，并提出了世界各国爆破器材的发展方向。

目前俄罗斯起爆器材主要由电雷管、导爆管雷管以及非电起爆系统组成，其中火雷管接近淘汰；与电雷管相比，导爆管雷管等非电起爆器材成本稍高，但是性能更为安全可靠。电子雷管在俄罗斯起步晚、发展缓慢。如上所述，2008～2017年俄罗斯多起民爆物品事故是由于电雷管早爆引起，此外，从技术和经济指标看，使用基于导爆管雷管的起爆装置在大规模控制爆破中具有安全性和技术优势，这一优势决定了在俄罗斯矿山开采中导爆管雷管成为主要的起爆器材。目前俄罗斯起爆器材的主要发展趋势包括以下方面。

(1)压缩普通雷管产能，加快发展电子雷管工业。开发延期精度和延期时间远比传统雷管延期体优异的微电子延期模块更有优势。

(2)针对油气地质勘探用起爆器材，开发性能稳定的耐高温高压(170～180℃，≤100MPa)的点火器和电雷管。

7.5 结论

本章基于俄罗斯官方统计数据，以 2008～2017 年俄罗斯民用爆炸物品事故为统计分析对象，针对事故起数、事故死亡人数、事故类型、事故地区分布及原因等进行讨论。主要结论如下。

(1)2008～2017 年，除 2008 年、2009 年俄罗斯民爆物品事故起数/死亡人数及相应的百万吨民爆物品事故率/死亡率均呈稳态分布，安全形势总体平稳，行业未发生重大安全事故。

(2)2008～2017 年俄罗斯工业炸药现场混装占比逐年增大、乳化炸药产量在俄罗斯工业炸药总产量中的占比逐年升高、含梯恩梯工业炸药产量及占比逐年减小、俄罗斯矿山开采中导爆管雷管是主要的起爆器材。2008～2017 年，俄罗斯民爆物品事故及人员死亡主要发生在爆破作业、油气地质勘探等民爆物品使用过程中，尤其是在地下爆破作业过程中，而在民爆物品生产、储存、运输等环节事故极少；俄罗斯民爆物品生产、储存、运输环节低事故率与较高的工业炸药现场混装占比存在正相关性。

(3)导致俄罗斯民爆物品行业所有事故的绝大部分原因可以归结为管理方面的漏洞，绝大部分民爆物品非法流失(含偷窃)案件发生在民爆物品使用地，尤其是在地下矿山开采现场；地下矿山爆破作业时应尽可能选用机械式装填炮孔方式以及采用本质安全性高的乳化炸药和非电起爆器材，需进一步加强作业现场安全管理。

(4)需重视本质安全化程度高的涉爆设备、民爆物品的研发，进一步完善民爆物品工业安全管理对策措施。俄罗斯民用爆炸物品行业是俄罗斯国民经济重要的组成部分，同时也属于俄罗斯工业技术类事故易发的领域。

参考文献

[1]王力争. 我国民爆行业安全管理存在的主要问题及其对策[J]. 中国安全生产科学技术，2006，2(4)：74－78.

［2］王艳平，纪岩．2014 年民爆行业安全形势分析及发展对策研究［J］．煤矿爆破，2015（2）：
10 - 14.

［3］蒋荣光．民爆器材安全生产形势分析与对策措施概述［J］．爆破器材，2006，35（5）：
34 - 36.

［4］王庆龙．中美"民爆"管理比较研究［J］．公安学刊，1999，11（5）：61 - 62.

［5］汪旭光．关于低碳经济与民爆行业发展的思考［J］．工程爆破，2009，15（3）：1 - 13.

［6］汪旭光，沈立晋．俄罗斯爆破器材的发展历程与现状［J］．工程爆破，2004，10（1）：
67 - 72.

［7］РОССТАТ. Россия в цифрах 2008—2017［R/OL］．［2019 - 09 - 10］. http：//www. gks. ru/wps/
wcm/connect/rosstat_ main/rosstat/ru/statistics/publications/catalog/doc_ 1135075100641.

［8］РОСТЕХНАДЭОР. Отчет о деятельности Федеральной службы по экологическому，
технологическому и атомному надзору в 2008—2017 году［R/OL］．［2019 - 09 - 10］.
http：//www. gosnadzor. ru/public/annual_ reports/.

［9］МЧС России. Итоги деятельности МЧС России за 2008—2017 году［R/OL］．［2019 - 09 -
10］. https：//www. mchs. gov. ru/activities/results.

［10］臧小为，沈瑞琪，YURTOV E V，等．2008—2017 年俄罗斯石油天然气及化学工业事故统
计分析及启示［J］．南京工业大学学报：自然科学版，2019，41（5）：593 - 602.

［11］СОСНИН В А，МЕЖЕРИЦКИЙ С Э，ПЕЧЕНЕВ Ю Г. Состояние и перспективы
развития промышленных взрывчатых веществ в России и за рубежом［J］．Горная
Промышленность，2017（5）：60 - 64.

［12］Правительство Российской Федерации постановление от 30 июля 2004 г. N 401 О
Федеральной службе по экологическому，технологическому и атомному надзору［Z/OL］．
［2019 - 09 - 10］. http：//www. gosnadzor. ru/about_ gosnadzor/401. pdf.

［13］Федеральные министерства，подведомственные им агентства，службы，надзоры［Z/
OL］．［2019 - 09 - 10］. http：//government. ru/ministries/#federal_ services.

［14］Приказ от 9 октября 2017 г. N414［Z/OL］．［2019 - 09 - 10］. https：//normativ. kontur. ru/
document? moduleId = 1&documentId = 302627.

［15］柴璐，周永恒，李霄．俄罗斯乌拉尔地区矿产资源现状及矿业环境［J］．中国矿业，2017，
26（11）：90 - 95.

［16］刘大斌，刘春年．民爆设备安全管理的探讨［J］．爆破器材，2007，36（2）：33 - 35.

［17］郭文斌．自动喷码技术在民爆器材产品包装上的应用［J］．爆破器材，2006，35（2）：

19 - 22.

[18] ПРИКАЗ Росстата от 31. 08. 2009 N 189[Z/OL]. [2019 - 09 - 10]. https：//legalacts. ru/doc/prikaz - rosstata - ot - 31082009 - n - 189 - ob/.

[19] 工业和信息化部关于印发民用爆炸物品行业发展规划(2016—2020 年)的通知[Z]. 工信部规[2016]331 号.

[20] Explosives Statistics and Information[DB/OL]. [2019 - 09 - 10]. http：//www. usgs. gov.

[21] ВИКТОРОВ С Д, КУТУЗОВ Б Н, ФАДЕЕВ В Ю. Совершенствование ассортимента Российских промышленных взрывчатых материалов для подземных рудников России[J]. Безопасность Труда в Промышленности, 2011(4)：28 - 34.

[22] 汪旭光. 爆破器材与工程爆破新进展[J]. 中国工程科学, 2002, 4(4)：36 - 40.

[23] АГЕЕВ М В, ВАРЕНИЦА В И, ПОПОВ В К. Состояние и перспективы применения средств инициирования промышленного назначения[J]. Взрывное дело, 2012, 107 (64)：122 - 128.

[24] 臧小为, 沈瑞琪, 尤尔托夫 Е В, 等. 2008—2017 年俄罗斯民用爆炸物品事故统计分析及启示[J]. 爆破器材, 2020, 49(1)：1 - 7.

8 俄罗斯核电站过程安全

8.1 引言

核能被公认为是能够大规模替代化石能源，减少碳排放的清洁能源，在应对气候变化、实现碳达峰碳中和等方面可以发挥重要作用。核安全是人类发展核能的前提和生命线，人类核能利用历史上的重大核事故向各国敲响了警钟。全球核电站事故数量虽少，但是与一般工业事故主要区别在于对人类本身和生态系统有着长久且未知的影响。根据海因里希定律（Heinrich's Law），要防止重大事故的发生，必须减少和消除无伤害事故，要重视事故的苗头和未遂事故。国际核事件分级表（INES）将核事故分为 7 个等级：对安全没有影响的事件为 0 级，称为偏差；1 级到 3 级被称为核事件；4 级到 7 级被称为核事故。0 级到 3 级的核事件（运行事件）能够从侧面反映核电安全状况。因此，针对核电站的运行事件进行分析和总结，对保障全球核能安全健康与可持续发展具有重要意义。

目前，国内外学者的相关研究主要关注于核安全法律法规体系、核安全监管体系以及核事故对人体的辐射与化学影响等。吴宜灿等梳理了世界核电强国——美国、法国、日本、俄罗斯的核安全监管体制，对比分析了中国的核安全监管体制以及目前形势下存在的问题。2021 年，日本政府提出的日本福岛核电站事故核废水的最新处置方案，引起了国际社会的广泛讨论和高度关注。而同样是最严重的 7 级核事故的苏联切尔诺贝利事件也再一次进入了人们的视野。相较于核事故而言，运行事件不易引起社会和公众的足够重视。张力等从世界核电营运者联合会（WANO）1999～2008 年的 645 份运行事件分析报告（EAR）中筛选出人因事件 432 件，对事件的根本原因和原因因子进行分类统计，并运用统计分析软件

SPSS 进行相关性分析，分析了核电站运行事件中人误因素之间的交互作用。张廉等开展了中美核电厂执照持有者关于运行事件报告制度的比较研究。相关专家在总结 2006 ~ 2015 年中国运行核电机组发生运行事件数量的基础上，建立了机组随时间发生运行事件的分析模型，并对中国核电厂在"十三五"期间的运行事件开展了趋势预测分析。

事实上，包括核电站运行事件报告在内的核数据，不仅在国防建设中发挥着重要的作用，在国民经济建设的很多领域有着广泛的应用，在基础科学研究中也扮演着重要的角色。但是目前存在的普遍问题是，用于进行统计分析的 WANO 各年度的 EAR 不是很齐全，有待收集更为充足翔实的数据进行后续研究。俄罗斯继承了苏联时期的绝大部分核电站，是当今世界核电站研发和运营大国。俄罗斯的核电装机容量虽位于美国、法国和日本之后，但仍是全球核电出口数量最多的国家，且遥遥领先其他国家。近年来，中国引进了俄罗斯较为先进的核电技术，作为中俄合作重要内容的核能合作不断迈向新的高度。此外，目前俄罗斯较好地建立了完备的核电站运行事件年度报告制度。为此，本章选择俄罗斯核电站运行事件作为研究对象，通过对最新的统计数据进行研判，分析俄罗斯核电站运行事件发生情况及主要特点，以期对中国核电站安全生产和安全监管提供参考。

8.2　研究方法和数据来源

本章的数据主要基于俄罗斯国家统计局统计年鉴和俄罗斯技监署年度报告。由于目前俄罗斯技监署年度报告能够在线获取的年限范围为 2004 ~ 2019 年，因此，本章主要针对 2004 ~ 2019 年俄罗斯核电站运行事件开展研究。

8.3　研究结果

8.3.1　核电站及运行机组

核能在俄罗斯能源构成中占有十分重要的地位，核能行业属于俄罗斯为数不多的可以出口创汇的高科技行业。俄罗斯政府认为，俄罗斯经济对电力需求的增长在很大程度上最好由核能满足。根据俄罗斯国家统计局数据可知，俄罗斯核电站的发电量由 2004 年的 $1450 \times 10^8 kWh$ 增加到 2019 年的 $2090 \times 10^8 kWh$，增长了 44.1%。核电在俄罗斯发电量中的占比从 2004 年的 15.6% 上升到 2019 年的 18.7% 左右。截至 2019 年 12 月，俄罗斯共 10 座核电站正在运行。2020 年 5 月 22 日，全球第 1 座海上浮动核电站"罗蒙诺索夫院士"号，在俄罗斯楚科奇自治区佩韦克市港口正式投入运行。其核电站分布情况如图 8-1 所示。

图 8-1 核电站分布

由图 8-1 可以看出，目前有八座核电站坐落于俄罗斯欧洲部分。例如，在俄罗斯西北地区有位于北极圈科拉半岛的科拉核电站和位于列宁格勒州的列宁格勒核电站。在俄罗斯乌拉尔地区和远东地区各有 1 座核电站，分别是别洛亚尔斯克核电站和比利比诺核电站。1979 年 10 月，苏联开始大规模建设罗斯托夫核电站，该电站于苏联解体后的 2001 年被投入运行。罗斯托夫核电站也是目前坐落在俄罗斯最南部的核电站。俄罗斯核电站地域分布情况同俄罗斯核电在能源构成中的占比情况相吻合。例如，2019 年，在俄罗斯欧洲部分，核电在能源构成中的占比约为 30%；在俄罗斯西北部，占比为 37%。此外，由图 8-1 可以看出，俄罗斯 70% 的核电站属于内陆核电站，只有 3 座核电站位于沿海地区。这 3 座坐落于沿海地区的核电站分别是科拉核电站、列宁格勒核电站和比利比诺核电站。其运行情况如表 8-1 所示。

表8-1　核电站运行情况一览表

序号	核电站名称	所在地区	核电机组投入运行时间（停止运行时间）/年	现役核电机组数量/台	现役反应堆类型，数量/座	目前装机容量/MW
1	加里宁核电站	特维尔州乌多米利亚市	1984、1986、2004、2011	4	VVER[*1)]–1000，4	4000
2	列宁格勒核电站[#2)]	列宁格勒州索斯诺维博尔市	1973（2018）、1975（2020）、1979、1981、2018、2020	4	RBMK[*1)]–1000，2；VVER[*1)]–1200，2	3200
3	科拉核电站	摩尔曼斯克州极光市	1973、1974、1981、1984	4	VVER[*1)]–440，4	1760
4	新沃罗涅日核电站[#2)]	沃罗涅日州新沃罗涅日市	1964（1984）、1969（1990）、1971（2016）、1972、1980、2017、2019	4	VVER[*1)]–440，1；VVER[*1)]–1000，1；VVER[*1)]–1200，2	3747
5	斯摩棱斯克核电站	斯摩棱斯克州德斯诺戈尔斯克市	1982、1985、1990	3	RBMK[*1)]–1000，3	3000
6	库尔斯克核电站	库尔斯克州库尔恰托夫市	1976、1979、1983、1985	4	RBMK[*1)]–1000，4	4000
7	罗斯托夫核电站	罗斯托夫州伏尔加顿斯克市	2001、2010、2014、2018	4	VVER[*1)]–1000，4	4030
8	巴拉科夫核电站	萨拉托夫州巴拉科夫市	1985、1987、1988、1993	4	VVER[*1)]–1000，4	4000
9	别洛亚尔斯克核电站	斯维尔德洛夫斯克州扎列奇内市	1964（1981）、1967（1989）、1980、2015	2	BN[*1)]–600，1；BN[*1)]–800，1	1485
10	比利比诺核电站	楚科奇自治区比利比诺市	1974（2018）、1974、1975、1976	3	EGP[*1)]–6，3	36

　　*1)：VVER—压水堆；RBMK—轻水冷却石墨慢化堆；BN—钠冷快中子反应堆；EGP—小型石墨慢化沸水堆。

　　#2)：分别于2018年、2020年投入运行的列宁格勒核电站5号、6号机组又称列宁格勒2号核电站1号、2号机组；分别于2017、2019年投入运行的新沃罗涅日核电站6、7号机组，又称新沃罗涅日2号核电站1、2号机组。

在表 8 - 1 的十座核电站中，别洛亚尔斯克核电站和新沃罗涅日核电站运行时间较早。由表 8 - 1 可知，截至目前俄罗斯现役核电机组共有 36 台（截至 2019年 12 月 31 日），反应堆类型主要包括：压水堆、轻水冷却石墨慢化堆、钠冷快中子反应堆等。为了提高安全性和经济效益，一些老旧的机组将陆续退役。到2025 年，坐落于俄罗斯楚科奇自治区的比利比诺核电站的 3 台 EGP - 6 机组将停止运行。苏联时期，别洛亚尔斯克核电站 1 号机组和 2 号机组（分别为石墨水冷堆 АМБ - 100 型和石墨水冷堆 АМБ—200 型）的寿命分别为 17 和 22 年；新沃罗涅日核电站 1 号机组（WWER - 210 反应堆）的寿命也仅为 20 年。由于机组延寿所需的设备更新的投资与延寿增收相比，机组延寿的经济价值突出，目前俄罗斯重视对现役核电机组的延寿升级和现代化改造工作。例如，VVER - 440 机组从初始设计寿命 30 年延期到 45 年；VVER - 1000 机组的运行许可一般延至 60 年。2004 ~ 2019 年该核电站现役机组的反应堆型号及数量如图 8 - 2所示。

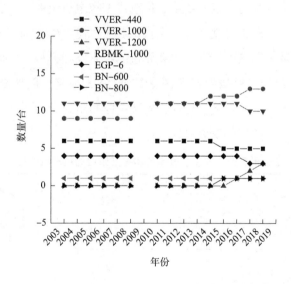

图 8 - 2　核电站现役机组的反应堆型号及数量①

2004 ~ 2019 年俄罗斯核电反应堆技术更新换代速度较快。例如，自 2005 年，

---

① 2010 年官方数据缺失。

АМБ－100 和 АМБ—200 各 1 台机组处于完全退役状态；2 台 VVER－230 机组开始停止运行，于 2008 年完全退役。VVER－210，VVER－365，VVER－440 各 1 台机组分别于 2009、2009 和 2016 年停止运行。RBMK－1000、EGP－6 各 1 台机组均于 2018 年停止运行。未来一段时间，新一代压水反应堆(VVER 系列)和快中子反应堆(BN 等系列)是俄罗斯核电非常重要的反应堆类型。相比较而言，石墨水冷堆，即 RBMK 和 EGP 系列反应堆接近淘汰。苏联切尔诺贝利核电站采用的就是 RBMK－1000 型反应堆。自 2009 年，俄罗斯开始大量建设新一代的压水堆机组，部分机组也已进入商业化运行阶段。

由表 8－2 可知，除大规模建设的第 3 代改进型压水堆机组(VVER－1200)和 VVER－TOI 外，第 4 代钠冷快堆、铅冷快堆、铅铋冷快堆系列机组开始在俄罗斯少量建设。与此相对应的是，目前世界上绝大多数的核反应堆都属于第 2 代和第 3 代反应堆。目前在俄罗斯新沃罗涅日核电站和列宁格勒核电站已有 4 台第 3 代改进型 VVER－1200 核反应堆在运行。俄罗斯政府认为，为了提高核能效率，确保其技术和经济竞争力，俄罗斯第 3 代改进型核电机组的装机容量在俄罗斯总发电量的占比应为：2018 年为 13%；到 2024 年达到 26%；到 2035 年达到 40%。总的来说，目前俄罗斯核电拥有独立和先进的技术路径，核电发展思路顺应国际核电发展的主流趋势。根据俄罗斯国家核能 2035 战略，俄罗斯政府希望通过 VVER 热中子堆和先进快堆双元发展以及所掌握的闭式燃料循环技术，实现更高安全性和更具竞争力的核能发展目标。

表 8－2　正处于建造、安装、试运行和投产阶段的核电机组反应堆类型① 　台

年份	压水堆			轻水冷却石墨慢化堆	钠冷快堆	铅冷快堆	铅铋冷快堆
	VVER－1000	VVER－1200	VVER－TOI	RBMK－1000	BN－800	Brest－OD－300	SVBR－100
2004 ~ 2008	0	0	0	0	0	0	0
2009	4	8	0	0	1	0	0
2011	3	16	0	1	1	0	0

---

① 2010 年官方数据缺失。

续表

年份	压水堆			轻水冷却石墨慢化堆	钠冷快堆	铅冷快堆	铅铋冷快堆
	VVER – 1000	VVER – 1200	VVER – TOI	RBMK – 1000	BN – 800	Brest – OD – 300	SVBR – 100
2012	3	16	0	1	1	0	0
2013	3	16	0	1	1	0	0
2014	3	16	0	1	1	0	0
2015	2	17	0	1	1	1	1
2016	1	12	0	0	0	1	1
2017	1	7	4	0	0	1	1
2018	0	6	4	0	0	1	1
2019	0	2	4	0	0	1	1

8.3.2 运行事件及分类

核电技术的发展，并不能保证事故完全不会发生。2011 年因地震发生在日本福岛核电站的严重事故更凸显了这一点。核电站在运行过程中，由于工程技术措施、人为失误或环境条件，会造成运行事件。其核电站运行事件数量如表 8 – 3 所示。

表 8 – 3 2004 ~2019 年核电站运行事件数量　　　　　次

年份	运行事件总次数	0 级运行事件次数	1 级运行事件次数
2004	46	46	0
2005	40	40	0
2006	42	42	0
2007	47	47	0
2008	38	38	0
2009	30	30	0
2010	46	46	0
2011	46	44	2
2012	51	49	2
2013	42	41	1

续表

年份	运行事件总次数	0 级运行事件次数	1 级运行事件次数
2014	43	41	2
2015	35	32	3
2016	66	64	2
2017	37	36	1
2018	51	49	2
2019	43	43	0

2004～2019 年，俄罗斯核电站共发生 703 起运行事件。在表 8 – 3 中，运行事件主要是由无安全意义的 0 级事件和 1 级运行事件组成，未发生国际核事件分级（INES）2 级及以上的运行事件。自 2011 年以来，俄罗斯核电机组 1 级运行事件呈一定程度的增长趋势，2015 年发生 3 起 1 级运行事件。据统计分析，2004—2019 年，俄罗斯核电站平均每堆年发生的运行事件数量约 1.22 起。相关专家等统计了 2006～2015 年中国 22 台运行核电机组发生的 171 起运行事件，平均每堆年发生的运行事件数量为 1.07 起。与中国相比，俄罗斯核电站平均每堆年发生的运行事件数量略高。但是不能否认，从整体而言，俄罗斯核电机组安全业绩良好。其核电站反应堆类型和运行事件的关系如图 8 – 3 所示。

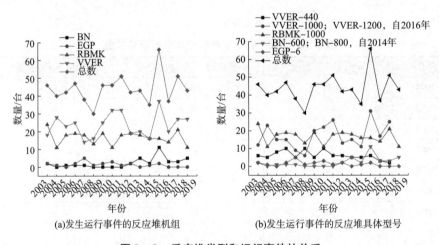

(a)发生运行事件的反应堆机组 　　　(b)发生运行事件的反应堆具体型号

图 8 – 3　反应堆类型和运行事件的关系

由图 8 –3(a)可以看出，2003～2019 年运行事件主要发生在采用 VVER 和

RBMK 堆型的核电站，其次为 BN 和 EGP 反应堆机组。由图 8 – 3（b）可以进一步得出，2008 年比利比诺核电站 4 台 EGP – 6 反应堆机组，发生了 5 起运行事件，EGP – 6 反应堆机组每堆年发生的运行事件数量为 1.25 起。2004～2019 年，EGP – 6 反应堆机组每堆年发生的运行事件数量为 0.34 起。在俄罗斯别洛亚尔斯克核电站，分别于 1980 和 2014 年投入运行了 1 台 BN – 600 和 BN – 800 反应堆。BN – 800 反应堆投入运行之前，BN – 600 反应堆机组运行平稳，平均每堆年发生的运行事件数量约 0.7 起。2014 年后，BN 系列反应堆机组运行事件大量增加，2016 年高达 11 起。2014～2019 年，BN 系列反应堆机组平均每堆年发生的运行事件数量约 2.42 起。2004～2017 年，共 11 台 RBMK – 1000 反应堆机组在列宁格勒核电站、斯摩棱斯克核电站和库尔斯克核电站运行。2018～2019 年，10 台 RBMK – 1000 反应堆机组在运行。2004、2018 年 RBMK – 1000 反应堆机组运行事件分别高达 24 起和 21 起。2004～2019 年 RBMK – 1000 反应堆机组每堆年发生的运行事件数量为 1.53 起。2016 年前，在科拉核电站和新沃罗涅日核电站共运行 6 台 VVER – 440 反应堆机组；2016～2019 年 5 台现役 VVER – 440 反应堆机组。2004～2019 年 VVER – 440 反应堆机组每堆年发生的运行事件数量为 0.98 起。与 VVER – 440 反应堆机组相比，VVER – 1000、VVER – 1200 反应堆属于当前俄罗斯的主力反应堆型号，2017 年前共 12 台 VVER – 1000 反应堆在运行。2017～2019 年陆续有 3 台 VVER – 1200 反应堆机组被投入运行。2004～2019 年，VVER – 1000、VVER – 1200 反应堆机组平均每堆年发生的运行事件数量为 1.51 起。

BN – 800、VVER – 1200 等新型反应堆并网后，刚开始核电机组每堆年发生运行事件的数量较高。新型反应堆随着运行年限的增加，每堆年运行事件的发生次数呈现快速下降后趋于稳定的态势。这也是当今全球范围内，包括中国的核电机组运行事件的普遍规律。俄罗斯 EGP – 6、BN – 600、VVER – 440、VVER – 1000 等反应堆机组，经过多年的服役后，系统设备趋于稳定，运行人员逐步熟练掌握了操作规程，管理制度更加规范，运行事件发生逐渐趋于稳定。然而也存在个例，例如，俄罗斯 EGP – 6、RBMK – 1000 反应堆均属于石墨水冷堆，而且服役时间相差无几，但这两个反应堆机组的运行状态差距甚大。现在一致的看法是，RBMK – 1000 反应堆存在明显的设计缺陷。可以说，这也是 RBMK – 1000 反应堆机组每堆年发生的运行事件数量较多、运行事件长期处于高发期的重要的原因。

为了深入挖掘运行事件背后的重要信息，防止类似事件再次发生，1997 年 12 月 19 日原俄罗斯国家原子能监督局批准生效 1997 版的《核电站运行事件报告和调查的程序规定(По НП – 004 – 97)》的规章。2008 年 5 月 14 日，俄罗斯技监署通过了修订后的 2008 版《核电站运行事件报告和调查的程序规定(По НП – 004 – 08)》。2008 版《核电站运行事件报告和调查的程序规定》生效时间为 2008 年 12 月 1 日。

按照核电站事故严重程度和可能发生的后果，1997 版和 2008 版规章均将事故划分为 A01—A04 共 4 个等级。针对运行事件，1997 版规章内定义 П01 – П11 类运行事件，而 2008 版规章对 1997 版内的相关内容进行了调整，2008 版规章内的运行事件分为 П01—П10 类。基于 1997 版《核电站运行事件报告和调查的程序规定》，据统计分析，2004 ~ 2008 年，在俄罗斯核电站运行事件中占比最大的属于 П09 类事件。П09 类事件为由于系统(元件)故障和/或人员操作不当，或外部影响将核电站装机的负载减少 25% 甚至更多。2004 ~ 2008 年，此类运行事件在运行总事件中的占比分别为 47.8%、42.5%、40.5%、40.4%、39.5%。

基于俄罗斯 2008 版《核电站运行事件报告和调查的程序规定》，2009 ~ 2019 年，在俄罗斯核电站运行事件中占比最大的属于 П06 和 П09 类事件。П06 类事件为单个故障/人员的违章操作所触发的系统安全风险值未超过核电机组设计时的安全裕度。2009 ~ 2019 年 П06 类运行事件在运行总事件中的占比分别为 53.3%、0、37.2%、33.3%、23.8%、18.6%、28.6%、31.8%、27%、23.5% 和 34.9%。2009 ~ 2019 年，除 П06 外，在俄罗斯核电站运行事件中占比较大的属于 П09。П09 类事件为由于系统(元件)故障和/或人员操作不当，或外部影响将核电站装机的负载减少 25% 甚至更多。2009 ~ 2019 年，此类 П09 运行事件在运行总事件中的占比分别为 6.7%、0、20.9%、31.4%、21.4%、32.6%、28.6%、27.3%、32.4%、27.5% 和 34.9%。2004 ~ 2019 年核电站运行事件的直接原因如图 8 – 4 所示。

由图 8 – 4(a)可知，2004 ~ 2019 年，导致俄罗斯核电站运行事件的直接原因包括机械、电气、液压、检测系统、环境条件和人的因素等多方面。以 2019 年为例，由图 8 – 4(b)可知，机械、电气和检测系统 3 个方面的问题是导致俄罗斯核电站运行事件发生的 3 大直接原因。前人研究结果表明，人为失误已成为当代

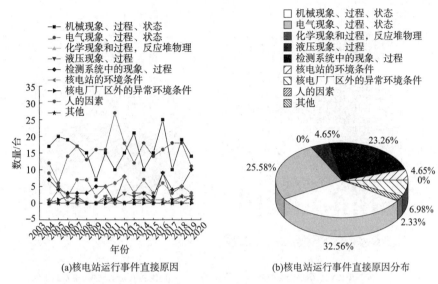

(a)核电站运行事件直接原因　　　　　(b)核电站运行事件直接原因分布

图 8-4　2004~2019 年核电站运行事件的直接原因分析

社会导致重大事故发生的主要原因之一。但是可以看出,"人的不安全行为"或是"人的因素"并不是导致俄罗斯核电站运行事件发生的主要因素。核电工业和一般工业领域相比较,核电站内的工作人员专业知识、个人素质等是安全运行的保障。相反,对于核电站运行事件来讲,核电机组"物的不安全状态"更应引起高度关注,比如反应堆设计的缺陷等。因此从某种意义上来讲,实现核电站运行本质安全化最有效和直接的手段就是核能的技术进步。2004~2019 年其核电站运行事件的根本原因如图 8-5 所示。

由图 8-5(1)可知,2004~2019 年,导致俄罗斯核电站运行事件的根本原因包括施工错误、设计错误、制造缺陷等多方面。以 2019 年为例,如图 8-5(b)所示,结构上的缺点、施工错误、制造缺陷和设计缺陷是导致核电站运行事件发生的根本原因。例如,2013 年列宁格勒核电站第 1 代 RBMK-1000 型反应堆出现了石墨块开裂而导致的运行事件。列宁格勒核电站 1 号机组停止运行,防止石墨砌体性能的进一步退化。事件发生后,改变石墨砌体的几何结构,以及反应堆的工艺通道(TK)和应急保护和控制棒通道(SUZ)的曲率变化,以保证运行安全。事后调查发现,导致运行事件发生的原因是设计缺陷。

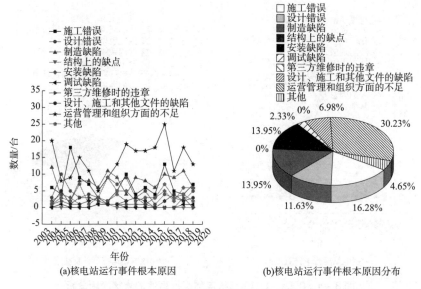

(a)核电站运行事件根本原因　　　　　　(b)核电站运行事件根本原因分布

图 8−5　2004～2019 年核电站运行事件的根本原因分析

8.4　结论

本章统计分析了俄罗斯核电机组发生运行事件的特点和随时间的变化规律。本章主要结论如下。

(1)2004～2019 年，核电在俄罗斯发电量中的占比不断提高，俄罗斯重视落后核电机组的淘汰工作，努力对现役成熟稳定的核电机组进行延寿升级和现代化改造，逐步增大第 3 代改进型核电机组的装机容量。俄罗斯政府希望通过 VVER 热中子堆和先进快堆双元发展以及所掌握的闭式燃料循环技术，实现更高安全性和更具竞争力的核能发展目标。

(2)2004～2019 年，俄罗斯核电站共发生 703 起运行事件，平均每堆年发生的运行事件数量约 1.22 起。运行事件主要是由无安全意义的 0 级事件和 1 级运行事件组成。俄罗斯 RBMK−1000 反应堆机组每堆年发生的运行事件数量较多，运行事件长期处于高发期。相较于"人的不安全行为"，俄罗斯核电站内"物的不安全状态"，如结构上的缺点、施工错误、制造缺陷和设计缺陷是导致核电站运行事件发生的根本原因。

参考文献

[1]吴宜灿，李静云，李研，等.中国核安全监管体制现状与发展建议[J].中国科学：技术科学，2020，50：1009-1018.

[2]张国庆.俄罗斯的乏燃料与放射性废物管理[J].中国核科学技术进展报告，2015(4)：113-118.

[3]HEINRICH H W. Industrial accident prevention. a scientific approach[M]. London：McGraw-Hill Book Company，1931：1-10.

[4]董毅漫，刘黎明，李小丁，等.我国核电厂"十三五"期间运行事件趋势预测分析[J].核科学与工程，2018，38(5)：900-907.

[5]杨丽丽，张巧娥，樊赞，等.我国《放射性废物安全管理条例与俄罗斯放射性废物管理联邦法律》的比较分析[J].核安全，2012(4)：16-19.

[6]孔庆军，李峰，朱杰，等.俄罗斯放射性废物管理现状[J].辐射防护通信，2016，36(4)：9-16.

[7]ИВАНОВ В К，МЕНЯЙЛО А Н，ДРЫНОВА Н Н. Проблема зонирования территорий по фактору радиологического риска(Брянская область)[J].Радиация и риск，2015，24(2)：31-76.

[8]ВЛАСОВА Н Г.Оценка доз облучения населения в отдаленном периоде после Чернобыльской аварии[D].Санкт-Петербург，2013.

[9]YEAGER M, MACHIELA M J, KOTHIYAL P, et al.. Lack of transgenerational effects of ionizing radiation exposure from the Chernobyl accident[J]. *Science*，2021，372(6543)：725-729.

[10]MORTON L M, KARYADI D M, STEWART C, et al.. Radiation-related genomic profile of papillary thyroid carcinoma after the Chernobyl accident[J].Science，2021，372(6543)：eabg2538.

[11]张力，邹衍华，黄卫刚.核电站运行事件人误因素交互作用分析[J].核动力工程，2010，31(6)：41-46.

[12]张廉，蔡汉坤.中美核电厂领执照者关于运行事件报告的比较研究[J].核安全，2019，18(2)：71-76.

[13]葛智刚，陈永静.核数据评价与建库研究[J].中国科学：物理学 力学 天文学，2020，50：052003.

[14] 陈永静. 核数据专题·编者按[J]. 中国科学：物理学 力学 天文学，2020，50：052001.

[15] ПРАВИТЕЛЬСТВО РОССИЙСКОЙ ФЕДЕРАЦИИ. Распоряжение от 9 июня 2020 г. № 1523 – р. МОСКВА[S].

[16] Federal State Statistic Service（Росстат）. Russia in figures in the period from 2009 to 2019（Россия в цифрах в период 2009—2019 годы）[R/OL].[2020 – 10 – 01]. https：//www. gks. ru/folder/210/document/12993.（in Russian）.

[17] Federal Environmental，Industrial and Nuclear Supervision Service of Russia. The annual reports of the Federal Environmental，Industrial and Nuclear Supervision Service of Russia in the period from 2009 to 2019[R/OL].[2020 – 10 – 01]. http：//www. gosnadzor. ru/public/annual_ reports/.

[18] https：//www. russianatom. ru/.

[19] https：//www. rosatom. ru/production/generation/.

[20] 周涛，李子超，李兵，等. 核电运行及事故颗粒物运动沉积分析方法研究[J]. 中国科学：物理学 力学 天文学，2019，49：114603.

[21] Chernobyl design flaws made accident worse，Soviet Report Concedes[R/OL]. https：//www. latimes. com/archives/la – xpm – 1986 – 08 – 23 – mn – 15781 – story. html.

[22] ДМИТРИЕВ В М. Чернобыльская авария. Причины катастрофы[J]. Безопасность в техносфере，2010(1)：38 – 47.

[23] Положение о порядке расследования и учета нарушений в работе атомных станций[S]. 1997.

[24] Положение о порядке расследования и учета нарушений в работе атомных станций. По НП – 004 – 08[S]. 2008.

[25] 张力，王以群，黄曙东. 人因事故纵深防御系统模型[J]. 中国安全科学学报，2002，12(1)：34 – 37.

[26] 臧小为，YARMOLENKO M A，KOROLEVA M Yu. 俄罗斯核电站运行事件及原因分析[J]. 核安全，2022，21(3)：46 – 56.

9　俄罗斯水工建筑物过程安全

9.1　引言

水工建筑物是关系国计民生的重要基础设施，对人类社会发展起到了重要保障作用。但是水工建筑物渐趋老化，客观上存在发生事故的风险。与一般建构筑物不同，高坝大库等水工建筑物一旦失事，对下游将造成巨大灾难。据不完全统计，由于设计缺陷、运营不当等原因，全世界每年发生约3000起水工建筑物事故，造成巨大生命和财产损失。因此，如何分析和揭示水工建筑物事故的可能原因和内在规律，预防和减少水工建筑物事故发生，这对水工建筑物安全生产和安全监察监管具有重要的指导意义。

在水工建筑物安全立法和安全监察监管等领域，美国和其他发达经济体的经验对中国具有借鉴意义。目前，国内学者主要关注于美国、瑞士等发达国家的水工建筑物安全生产、安全监察监管体系。然而，关于俄罗斯水工建筑物安全生产及监察监管的相关研究鲜有报道。目前，俄罗斯水资源总量和人均占有水资源量分别居世界第2位和第3位，大库类水工建筑物数量居世界第1位。中华人民共和国成立初期，水工建筑物建设借鉴了苏联相应标准规范，并邀请了苏联专家参与了部分的水利工程建设，相关设计理念对中国后续的水工建筑物的建设具有一定的影响。王正旭等首次围绕俄罗斯《水工建筑物安全法》和安全管理现状开展相关研究，介绍了《水工建筑物安全法》以及俄罗斯水工建筑物安全报告制度和安全监察监管体系，其中立法、监督管理体制和管理手段值得中国借鉴。20世纪 90 年代俄罗斯曾多次发生严重的水工建筑物事故。并且，近年来俄罗斯水工建筑物事故时有报道，俄罗斯水工建筑物安全在其工业技术类安全生产领域中属于值得关注的部分。因此，通过对最新的统计数据进行研判，分析俄罗斯水工建筑物事故发生情况及可能原因，可能会对中国水工建筑物安全生产和监察监管具有一定的参考价值。

本章的工作主要基于俄罗斯国家统计局统计年鉴、俄罗斯技监署和俄罗斯紧急情况部年度报告等官方统计数据和俄文原始文献，其目的是通过统计分析 2009～2019 年俄罗斯水工建筑物安全生产及安全监察监管相关数据，了解和掌握俄罗斯水工建筑物现阶段安全生产特点及安全监察监管现状，思考其对中国水工建筑物安全生产和监察监管的可借鉴之处。

9.2　水工建筑物现状

水工建筑物种类繁多，其功能各不相同。俄罗斯水工建筑物的发展一定程度上影响了水资源的合理利用。俄罗斯的水资源总量很大，其河流、湖泊、沼泽、冰川、雪山和地下水体等集中了全球淡水资源的 20% 以上。但是俄罗斯的水资源具有时空分布不均的特点。例如：俄罗斯的欧洲部分集中了 70% 以上的全国人口和工业生产能力，而水资源占有量不足 10%；俄罗斯部分联邦主体属于水资源稀缺和水资源匮乏地区，例如卡尔梅克共和国、别尔哥罗德州、库尔斯克州、斯塔夫罗波尔边疆区、南乌拉尔和南西伯利亚部分地区；俄罗斯境内面临洪水威胁的总面积超过 $40 \times 10^4 km^2$，主要地区包括：滨海边疆区、哈巴罗夫斯克边疆区、萨哈林州、阿穆尔州等。与欧美发达国家相比，俄罗斯水资源利用率不高，但是水工建筑物仍为俄罗斯水资源利用和管理，以及克服水资源时空分布不均做出了贡献。

20 世纪 70 年代是俄罗斯水工建筑物建设的鼎盛时期。俄罗斯目前水工建筑物地域分布情况如下：中央联邦管区 9541 座（占比为 25.7%），伏尔加沿岸联邦管区 8298 座（占比为 22.3%），南部联邦管区 7105 座（占比为 19.1%），北高加索联邦管区 4961 座（占比为 13.3%），西伯利亚联邦管区 3101 座（占比为

8.3%)，乌拉尔联邦管区 1469 座(占比为 4.0%)，西北联邦管区 1364 座(占比为 3.7%)，远东联邦管区 1337 座(占比为 3.6%)。在俄罗斯南部，南部联邦管区和北高加索联邦管区内的水工建筑物主要分布在如下联邦主体，即克拉斯诺达尔边疆区、阿迪格共和国、达吉斯坦共和国、斯塔夫罗波尔边疆区。俄罗斯南部地区面积仅占俄罗斯领土面积的 3.45%($58.92 \times 10^4 km^2$)，但居住在俄罗斯南部地区的人口(2300 万人)在俄罗斯总人口中占比为 16.4%。相关数据显示，俄罗斯南部地区每平方公里内的水工建筑物分布密度最高。由于水资源时空分布在俄罗斯南部极为不均匀，因此，从 20 世纪后半期开始，该地区修建了大量的灌溉系统、运河、水库等水工建筑物。并且，俄罗斯南部地区大多数水工建筑物多位于高烈度地震区。图 9 - 1 为 2009~2019 年其水工建筑物类别及数量。

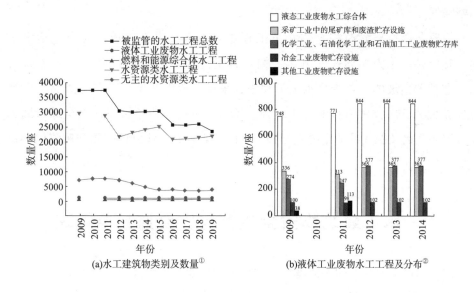

(a)水工建筑物类别及数量[1]   (b)液体工业废物水工工程及分布[2]

图 9 - 1   2009~2019 年俄罗斯水工建筑物分类及数量

俄罗斯水工建筑物主要包括液体工业废物水工工程、燃料与能源综合体水工工程、水资源类水工工程及无主的水资源类水工工程。值得注意的是，相当数量的俄罗斯水资源类水工工程所有权归属未知，属于无主工程。由图 9 - 1(a)可

---

① 2010 年部分数据缺失；

② 部分年份数据缺失。

知，在俄罗斯水工建筑物总数量中，水资源类水工工程数量占比最大。2009 年占比为 78.9%，2019 年高达 94.2%。而液体工业废物水工工程和燃料与能源综合体水工工程数量占比很小。此外，俄罗斯水工建筑物总数量呈逐年下降趋势；液体工业废物水工工程、燃料与能源综合体水工工程数量基本保持不变；水资源类水工工程数量，包括无主的水资源类水工工程数量明显减少。与 2009 年相比，2019 年水工建筑物总数量、水资源类水工工程数量和无主的水资源类水工工程数量分别下降了 37.8%、25.8% 和 50%。俄罗斯水资源类水工工程数量的持续减少与俄罗斯无主水工和老旧水工工程的被清理整顿有关。同时，其减少趋势与俄罗斯整体的工农业发展现状和体量呈正相关。例如，俄罗斯远东和西伯利亚地区人口不断萎缩，土地利用率不断下降，客观上导致对水资源和水利工程的需求不断降低。

俄罗斯燃料与能源综合体水工工程主要由各类电站组成，其中包括水电站、热电站、水力循环式发电站、抽水蓄能电站、核电站。由图 9-1(b) 可知，在俄罗斯液体工业废物水工工程中，采矿工业中的尾矿库和废渣储存设施占比较大，其次分别为石油化工行业、冶金行业等。由于俄罗斯是全球金属和非金属矿产品及制成品的主要生产和出口国，其采矿工业的尾矿库和废渣储存设施数量较多。

9.3 水工建筑物安全生产与安全监察监管现状

随着时间的累积，得不到及时解决的安全隐患可能会导致突发性的水工建筑物事故。因此，水工建筑物安全生产及监察监管的目标，即有效地抑制这种突然的变化，确保在设计使用年限内水工建筑物安全可靠地运行。

9.3.1 水工建筑物事故统计及分析

水工建筑物在发挥效益的同时，存在潜在的安全风险。2009~2019 年其水工建筑物事故情况如表 9-1 所示。

表9－1 2009～2019年俄罗斯水工建筑物事故情况 起

年份	事故数量
2009	1
2010、2011、2012	0
2013	4
2014、2015	0
2016	1
2017	3
2018、2019	0

由表9－1可知，2009～2019年俄罗斯水工建筑物事故呈现零星偶发态势。但是极少数事故造成大量人员伤亡和财产损失。例如，2009年8月17日，俄罗斯水力发电公司下属的位于西伯利亚联邦管区哈卡斯共和国的萨杨－舒申斯克水电站，发生了世界水电史上罕见的重大事故。事故主要经过如下：水轮发电机机罩的螺栓疲劳断裂引发发电机内部的转子向上运动并被破坏。由于电厂断电且无备用电源，紧急闸门未能及时关闭，洪水进入电厂，造成设备短路，电厂内发生严重破坏。事故共造成75名运营人员死亡，经济损失近75×10^8 ₽。事故调查后，25人被追究相应责任。通过跟踪检测，水电站大坝主体状况良好，未受到事故影响。经过紧急抢修和重建工作，水电站机组于2015年之前被陆续安装并投入运行。

2013年春汛和洪水期间，俄罗斯共发生了4起与水工建筑物损坏有关的事故，但是具体事故原因不详。根据俄罗斯技监署2013年度报告，导致上述4起事故的共性要素包括：①高素质技能型人才短缺；②应急救援队伍建设暂未启动，应急物资和应急装备未储备和配备，应急演练未定期开展；③日常运营和维保所需要的资金不足；④未配备技术手段和组织专家对水工建筑物及其附属设备设施进行定期安全检查。

2016年，西北联邦管区诺夫哥罗德州发生1起漫顶事故，导致14.5m长的土坝损毁，所幸未造成人员伤亡。事故经过如下：泄洪期间，泄洪闸门未能及时开启并一直处于关闭状态，导致河水上升至临界水位并从土坝的坝顶溢出。事故调查结果表明：①相关人员违反操作规程，未能及时对大坝水位实行有效监测；

②泄洪闸启闭值班人员缺乏专业技能；③大坝安全管护人员未经培训并无证上岗；④事故发生时，泄洪闸门未能及时打开并保持关闭状态。

2017年，雪水和强降雨等引起了3起水工建筑物事故。其中，2017年2月份，由于积雪融化后的大量雪水无法及时通过引水渠排出，南部联邦管区罗斯托夫州某大坝发生漫顶事故，在大坝上造成了10~15m的缺口而溃决。事故调查结果表明：在事故发生之前，该大坝的安全状况较差，大坝管理方未做好大坝及附属设施的维修养护工作，累积诸多安全隐患。例如，大坝上下游坝坡护坡侵蚀开裂；坝身断面低矮、坝体单薄，大坝未经加高培厚；泄洪道由于芦苇和木本植物过度生长而被堵塞。

2017年5月11日，乌拉尔联邦管区秋明州伊希姆市防洪大坝因洪水冲刷坝基出现管涌，发生溃坝事故。该大坝类型为土石坝，主要由壤土、黏土构成。坝长2242m，最大坝高为6.56m。该防洪大坝的业主是伊希姆市政府，大坝运营单位为伊希姆市住房和公共服务部。事故发生前，该防洪大坝已投入使用32年。事故调查结果表明，该大坝规模小、安全风险值低，为俄罗斯第Ⅳ类水工建筑物。大坝运营单位疏忽管理，未做好大坝及附属设施的日常维修养护工作。事故调查后，伊希姆市住房和公共服务部承担该事故的行政责任。

2017年5月26日，南部联邦管区阿迪格共和国舍夫格诺夫斯基区法尔斯河大坝，因暴雨引发洪涝，导致法尔斯河顿杜科夫斯卡娅水文站水位升至605cm，超警戒水位55cm。法尔斯河右岸大坝被洪水冲开，导致溃坝，出现近20m的缺口。洪水淹没了大量住宅、公寓和教育机构，共造成1584人受伤，经济损失达15340.7×10^4 ₽。事故的主要原因是：业主/运营单位未对法尔斯河采取定期的河道清淤疏浚措施，导致河道的行洪能力下降。

由于2013年事故数据不详，该年度数据不纳入统计分析。2009~2019年，俄罗斯水工建筑物事故主要发生地区包括：西伯利亚联邦管区、西北联邦管区、乌拉尔联邦管区和南部联邦管区。40%的事故发生在俄罗斯南部联邦管区。水资源类水工工程事故在水工建筑物事故中的占比高达80%。水资源类水工工程事故主要是由于漫顶和管涌等导致的溃坝引起的。燃料与能源综合体水工工程事故占比为20%（2009年水电站事故），液体工业废物水工事故发生率为0。

总体来说，2009~2019年，俄罗斯水工建筑物事故起数较少，如2013年和

2017 年事故数分别仅为 4 起和 3 起。以溃坝事故最多的 2017 年为例，俄罗斯发生溃坝失事的大坝有 3 座，年溃坝率为 0.143‰，低于世界公认的 0.2‰的低溃坝率水平。据不完全统计，2009 年中国未发生水库溃坝，2010 年发生溃坝的水库 11 座。美国在 2010~2020 年年均溃坝约 25 座，年均溃坝率约为 0.27‰。因此，较其他国家溃坝事故发生率，俄罗斯水工建筑物，在过去的十多年中，大坝运营的安全生产形势相对平稳有序。

9.3.2 水工建筑物安全监察监管现状

9.3.2.1 安全监察监管的主要法律依据

苏联最早于 1972 年起开始施行《电站安全监督暂行条例》，对水工建筑物进行安全监察监管。在苏联解体之初，社会动荡和经济困难使得俄罗斯水工建筑物安全未能得到足够重视。20 世纪 90 年代，乌拉尔地区一连串的溃坝事故引起了公众对俄罗斯水工建筑物安全的强烈关注。1997 年 7 月 21 日俄罗斯法律第117 - Φ3 号《水工建筑物安全法》正式生效，标志着俄罗斯水工建筑物的安全生产和监察监管工作得到全面加强。

目前，俄罗斯以《水工建筑物安全法》《危险生产设施工业安全法》等联邦法律为基础，以行政法规《水工建筑物安全联邦监督管理条例》《水工建筑物分类管理办法》《水工建筑物安全申报注册办法》等为核心，以部门规章、规范性文件和技术标准为配套，形成了一套适合俄罗斯国情的法规标准体系。同时，俄罗斯持续推进包括《水工建筑物安全法》在内的法规标准修订与修正工作。例如，《水工建筑物安全法》(2020 年 12 月 8 日修订)最新要求，所有可能导致紧急情况的水工建筑物必须进行风险等级评估和注册登记。《危险生产设施工业安全法》(2020 年12 月 8 日修订)规定，自 2014 年俄罗斯开始建立并施行风险导向性监察监管机制。例如，对第Ⅰ、Ⅱ类水工建筑物，实施强制安全监察监管制度(频率为 1 次/年)；第Ⅲ类危险源的监察监管频率为 1 次/3 年，对第Ⅳ类危险源的安全监察监管不作强制要求。根据俄罗斯政府第 401 号政府令(2020 年 12 月 28 日修订)规定，俄罗斯技监署承担水工建筑物(除港口和航运设施外)的全方位安全监察监管职责，是水工建筑物安全生产的监察监管主体。

9.3.2.2 水工建筑物安全管理

俄罗斯《水工建筑物安全法》第9条规定，运营单位和业主是水工建筑物安全生产的责任主体。严格落实水工建筑物安全生产的主体责任，需要运营单位和业主对水工建筑物的建设、运行及维护承担相应的责任和义务。

水工建筑物遵循自然老化规律，根据失效率可以划分出3个不同的时期：起始、正常运行和老化。目前，相当数量的俄罗斯中小型水库和大坝在没有维修和重建的情况下已持续运行了30年甚至更长时间。在俄罗斯南部地区，大量水工建筑物使用寿命已超过55年甚至更久。根据俄罗斯《水工建筑物安全申报注册办法》，按照水工建筑物安全状况，分为正常、降等、不合格和危险4个等级。基于俄罗斯技监署官方数据，以2018年、2019年为例，俄罗斯不同安全状况的水工建筑物分布情况如表9－2所示。

表9－2　2018~2019年俄罗斯不同安全状况的水工建筑物分布情况　　%

年度	正常	降等	不合格	危险
2018	39.4	43.4	12.5	4.7
2019	20	37	31	12

由表9－2可知，2018年，水工建筑物安全状况为不合格和危险级的占比分别为12.5%和4.7%。2019年，上述数字分别上升为31%和12%。以俄罗斯南部地区为例，33.6%（10709座）的水工建筑物安全状况为危险级。

一方面，中央联邦管区31.4%（9730座）的水工建筑物安全状况为危险级，伏尔加河沿岸联邦管区的上述数据为28.5%（8844座）。安全状况为不合格和危险级的水工建筑物发生事故的概率较大，一旦事故发生，将会导致重大人员伤亡或者其他灾难性后果。因此，近年来，为了改善状况堪忧的水工建筑物安全生产问题，俄罗斯对2400多处水利工程加强了监管和维护。

另一方面，历史上遗留下来的俄罗斯无主水工建筑物数目众多且分布广泛。例如，截至2014年初，俄罗斯仍有6092座无主水工建筑物，其中929座为安全状况为不合格的水工建筑物。在俄罗斯南部地区，也有近1091座无主水工建筑物。目前，俄罗斯在联邦层面上正致力于不断减少无主水工建筑物的数量。图9－2为2010~2019年其无主水工建筑物数量及分布情况。

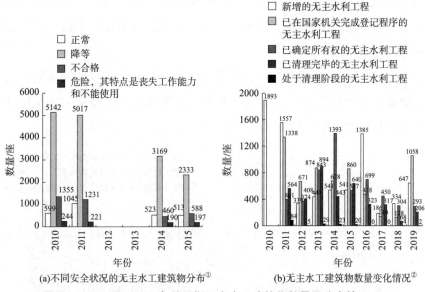

图9-2 2010~2019年俄罗斯无主水工建筑物数量及分布情况

由图9-2(a)可以看出，无主水工建筑物由于缺乏运营单位和业主进行日常维护和管理，绝大部分安全状况堪忧，亟待清理和治理。无主水工建筑物属于俄罗斯水工建筑物工程体系的薄弱环节。近年来俄罗斯在联邦层面上对无主水工建筑物的重视程度、投资力度、整治规模都是前所未有的。由图9-2(b)可以看出，2010~2019年，俄罗斯无主水工建筑物数量总体呈逐年减少趋势，这其中包括大量的无主水工建筑物得到了确认和清理，部分无主水工建筑物完成了国家登记并重新确定了所有权关系，从而在一定程度上减轻了俄罗斯水工建筑物体系的安全监察监管压力。以2017年为例，俄罗斯车臣共和国、布良斯克州、沃洛格达州和特维尔州的无主水工建筑物全部清理结束。截至2017年底，俄罗斯28个联邦主体内的无主水工建筑物得到了完全清理，这其中部分无主水工建筑物完成国家登记注册程序，重新确定了安全责任主体。然而，基于俄罗斯技监署2017年度报告，俄罗斯南部地区北高加索联邦管区的斯塔夫罗波尔边疆区的无主水工建筑物状况较为严峻。主要体现在两方面：一方面，无主水工建筑物数量多达

---

① 部分年份数据缺失；

② 2010年部分数据缺失。

1318 座，占俄罗斯无主水工建筑物总数的 40.2%；另一方面，对无主水工建筑物安全生产不重视，2017 年无任何一处无主水工建筑物开展清理、登记注册和确定所有权程序。

自 2014 年，俄罗斯国内开始建立并施行风险导向性监察监管机制，该机制运转的前提与基础是水工建筑物风险辨识、分级和登记。2009 ~ 2019 年其水工建筑物分级及行业分布情况如图 9-3 所示。

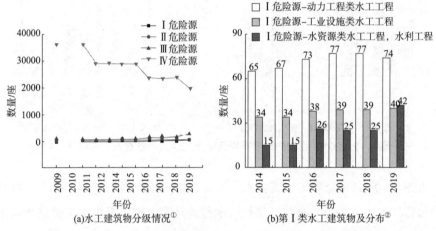

(a)水工建筑物分级情况①　　　　(b)第Ⅰ类水工建筑物及分布②

图 9-3　2009 ~2019 年俄罗斯水工建筑物分级及行业分布情况

由图 9-3(a)可以看出，俄罗斯第Ⅰ、Ⅱ、Ⅲ类水工建筑物数量占比小，第Ⅳ类水工建筑物占比最大。以 2018 年、2019 年为例，第Ⅳ类水工建筑物占比分别为 92%、85.2%。由图 9-3(b)可知，在第Ⅰ类水工建筑物的构成中，动力工程类水工工程占比大，其次分别为工业设施类和水资源类。动力工程类水工建筑物主要由各类电站设施构成，安全风险值较高。2009 年 8 月 17 日发生事故的萨杨-舒申斯克水电站即属于动力工程类水工工程。俄罗斯第Ⅳ类水工建筑物虽然安全风险值低，但是其数量大、服役寿命长，绝大部分属于中小水工建筑物甚至无主水工建筑物，硬件和安全管理上的落后易引起各类事故发生。2009 ~ 2019 年，约 80% 的事故发生在俄罗斯第Ⅳ类水工建筑物。因此第Ⅳ类水工建筑物实际上属于高度危险的生产对象。针对不同风险类别的水工建筑物，2009 ~ 2019

① 部分年份数据缺失。

年其水工建筑物安全监察监管情况如图 9-4 所示。

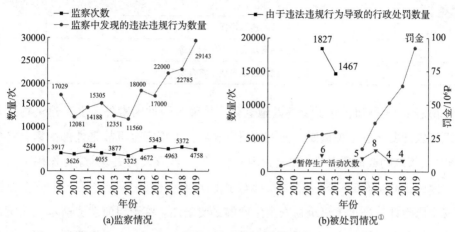

图 9-4 2009~2019 年俄罗斯水工建筑物安全监察监管情况

基于俄罗斯《危险生产设施工业安全法》，针对第Ⅳ类危险源的安全监察监管不作强制要求，安全监察监管工作的重点主要针对第Ⅰ、Ⅱ、Ⅲ类水工建筑物。因此，从图 9-4(a) 可以看出，2009~2019 年，尤其是 2014 年以后，安全监察监管次数略有下降，如 2019 年较 2018 年下降了 11.4%，监察监管效率得以提高；但是监察监管中被发现的违法违规数量呈显著增长态势，如 2019 年较 2018 年增加了 27.9%。由图 9-4(b) 可知，针对水工建筑物安全生产的违法违规行为，监察监管主体主要通过罚款、暂停生产活动等经济和行政手段进行处罚。2009~2019 年，罚金数额呈逐年增长趋势。2019 年罚金达 9.19×10^7 ₽，较 2009 年增加了约 22.3 倍。表 9-3 为 2018 年度在水工建筑物安全监察监管过程中，被发现的典型违法违规行为。

表 9-3 被发现的典型违法违规行为   %

编号	违法违规行为	占比
1	规章制度、操作规程缺失	18.9
2	设备设施存在各种故障，淤积，溢洪道和排水结构的通行能力下降	10
3	未基于标准规范制定和批准水工建筑物安全标准，安全声明，规程和安全监测要求	19.7

---

① 部分年份数据缺失。

编号	违法违规行为	占比
4	违章操作	7
5	应急预案缺失或未定期演练	6.7
6	安全监测设备缺失或不符合要求	1.6

由表 9 - 3 可知，除了设备设施老化、故障等硬件因素外，水工建筑物运营管理等软件要素也至关重要。前人的研究表明，大坝安全事故是外部因素、自身因素（大坝结构或地质条件）和人为因素（管理不当及人为失误）综合作用下的后果。因此，高素质的管理队伍以及针对水工建筑物开展定期或不定期的安全监测和安全风险评估是水工建筑物安全生产的必要条件。鉴于当前俄罗斯水工建筑物面临的问题和挑战，2012 年俄罗斯政府出台了"2012～2020 年俄罗斯水资源综合开发"的政府法规。以"2012～2020 年俄罗斯水资源综合开发"为重点，俄罗斯财政投入了 5230×10^8 ₽，并主要围绕以下任务开展了相关工作。

（1）恢复和保护各类水资源设施。

俄罗斯每万美元 GDP 用水量较高，远超欧美资本主义发达国家的平均水平。这与俄罗斯水资源类水工设施的磨损老化和工农业粗放式的经营方式等因素有关。此外，俄罗斯水资源污染的问题较为严重，约 70% 的河流和湖泊为非饮用水水源地。因此，为了合理利用水资源，需要水工建筑物进行干预调节。目前伏尔加河下游和阿穆尔河流域是俄罗斯恢复和保护各类水资源设施的重点地区。

伏尔加河的广泛开发曾对苏联/俄罗斯的经济做出了重大贡献，但也产生了不利的生态后果。目前，伏尔加河下游最重要的水管理任务之一，就是通过对伏尔加格勒水电站下游的水管理综合体进行系统改造，保护伏尔加－阿赫图巴泛滥平原和三角洲的独特生态系统。例如，梯级水库的建立对伏尔加河珍贵洄游鱼类有很大影响，为鲟鱼等鱼类的产卵和返回创造合适条件，并补偿因水工建筑物建设带来的渔业损失。

阿穆尔河流域一直属于俄罗斯最易发生洪灾的地区之一。目前，来自工业、公共和农业设施的废水已导致阿穆尔河流域水质恶化，这对阿穆尔河流域渔业和旅游观光业产生了较大的影响。此外，阿穆尔河流域河岸侵蚀现象严重，增加河道的不稳定性，并导致河道强烈变形。河道强烈变形将大大增加洪灾风险，因此需要采取适当的工程技术措施进行防护。

(2)开发并利用新一代可长期使用、紧凑、可靠、移动式水工建筑物安全检测和监测设备,该设备可以自动发送各种类型的信息,预防各类水工建筑物(包括无主水工建筑物)事故发生。

安全监测和实时的风险评估是保障水工建筑物安全的重要手段。智能化安全监控体系是安全监测的发展趋势。当前特高坝、高寒区水工建筑物的运营对安全检测和监测设备提出了更高的要求,为实现对水工建筑物体表面位移和内部温度状态的在线监测和监控,积极尝试运用无人机、物联网技术,扩大在线安全监测系统的覆盖范围。同时,运营单位仍然需要重视全面、规范的人工观测和巡查。依靠现场检查和在线安全监测系统,实现对水工建筑物安全状态的准确评估和健康诊断。

(3)重点关注坐落于高烈度地震区域的水工建筑物安全问题。

在高烈度地震区建设和运营水工建筑物,抗震防灾减灾设计已成为解决该问题的关键。俄罗斯水工建筑物抗震安全性计算主要基于抗震设计反应谱理论。近几十年来,在水工建筑物抗震安全性的计算中,越来越多地使用概率分析计算方法,该方法考虑了介质的弹塑性变形。根据最新的理论进展和工程实践,俄罗斯定期或不定期地修订相应的标准规范,为地震区水工建筑物的建设和运营提供理论指导。如俄罗斯最新版本的规范 СП 14.13330.2018《Строительство в сейсмических районах》(地震区的建构筑物设计规范)已于 2018 年正式公布。

(4)重视传统爆炸载荷和非传统威胁(如恐怖袭击)环境下,各类水工建筑物的系统安全性与可靠性问题。

近十多年来,俄罗斯境内恐怖袭击事件连续发生。爆炸载荷与水工建筑物之间的相互作用属于随机的、非线性的和瞬态的力学过程。针对该科学问题,宜结合类比实验数据和数值模拟结果,逐步建立可靠的数学模型。此外,关于爆炸区域附近的爆炸力学参数计算,有必要使用概率统计方法,允许以合理的概率预测水工建筑物受撞击和损坏的程度。

9.4 讨论

通过对俄罗斯水工建筑物相关数据的统计,分析了事故的触发因素、分布规律和安全监察监管特点。对中国水工建筑物，尤其是水库大坝安全有借鉴的经验或教训如下。

（1）与苏联刚解体之初相比，2009～2019年，俄罗斯水工建筑物安全生产形势相对平稳有序。近十多年来，俄罗斯水工建筑物事故主要是由于漫顶和管涌等导致的溃坝事故。首先，绝大部分的漫顶事故是由于洪水超标准和工程泄洪能力不足而造成的。这要求水库大坝等水工建筑物设计者必须慎重对待洪水分析。工程投入使用后，洪水复核应是运营单位常规且重要的工作。运营单位须做好洪水预报和高水位时水库大坝的安全监测工作，严格执行水库大坝调度规则，必要时对水库大坝进行扩建改造，尤其是对于土石坝工程而言。其次，管涌较大概率上可以归因于施工作业、施工材料质量以及水工建筑物结构等不符合标准规范要求造成的，如土石坝的施工材料、施工顺序等对土石坝的可靠服役产生一定的影响，应加强规范，提高要求。

（2）立法工作是确保水工建筑物安全的重要举措，法规标准体系是水工建筑物安全生产的依据和监察监管的标尺。近十多年来，俄罗斯不断完善水工建筑物法规标准体系，这为俄罗斯水工建筑物安全生产和监察监管提供了坚实的法治保障和技术支撑。目前中国一些法律法规和技术标准颁布的时间比较久远，有必要进一步加强水工建筑物相关立法和修订工作，提高相关安全标准，构建适应当下实际形势的安全法规与技术标准体系。此外，经济处罚情况与俄罗斯水工建筑物安全生产环境改善呈正相关。通过经济和行政手段，可以促使责任主体加大对安全生产的投入，重视水工建筑物的安全生产问题。

（3）近十年来，约80%的俄罗斯水工建筑物事故发生在中小型水库大坝。一般来说，高坝大库类工程都有规范的管理、充足的维护资金和可靠性高的安全监测措施。例如，在风险值最高的第Ⅰ类水工建筑物的构成中，俄罗斯各类电站等动力工程类水工建筑物总体安全状况良好。相反，从安全管理的角度看，中小型、老旧水库大坝较多地存在管理和维护资金不到位的问题。因此，从某种意义上来说，"中小型水库大坝事故多发"的现象同样也须引起中国政府及安全监察监管机构的注意。此外，对年代比较久远的老旧水工建筑物和无主水工建筑物的维护工作与监察监管力度应加强重视。值得注意的是，俄罗斯水工建筑物安全监察监管的主要思路是提前辨识事故风险，采取有针对性的管控措施，预防和控制水工建筑物重特大事故发生，但是，对第Ⅳ类水工建筑物安全监察监管不作强制要求的规定值得商榷。

（4）安全监测和及时准确的风险评估是保障水工建筑物安全的重要手段。例如，在安全监测和风险分析的基础之上，根据无主和老旧水工建筑物安全状况，有针对性地提出处置措施。部分安全状况较好的上述水工建筑物可以继续运行，发挥其特定的功能。目前，俄罗斯针对水工建筑物安全的风险分析方法得到了较好的发展。安全监测和风险辨识评价，是为了更好地实现针对不同危险源的分级管控和隐患排查治理。中国亟须改变传统的工程安全管理模式，从工程安全管理向工程风险管理方向发展。

9.5 结 论

为了从世界主要国家的水工建筑物事故和安全监管中吸取经验教训，通过数据统计方法，分析了 2009～2019 年俄罗斯水工建筑物事故的触发因素及其规律，研究了安全监察监管现状及其主要特点。主要结论如下。

（1）在俄罗斯水工建筑物的构成中，水资源类水工工程占比最大。近十多年来，俄罗斯大量的无主水工和老旧水工工程被清理整顿。无主的水资源类水工工程数量明显减少，俄罗斯水工建筑物总数量呈逐年下降趋势。俄罗斯水资源类水工工程事故在水工建筑物事故中占比最大。水资源类水工工程事故主要是由于漫顶和管涌等导致的溃坝引起的。导致俄罗斯水工建筑物事故发生的主要因素是"人的不安全行为"和"管理上的漏洞"。

（2）较世界其他国家溃坝事故发生率相比，近十多年来，俄罗斯水工建筑物包括大坝运营的安全生产形势相对平稳有序，2017 年溃坝率为 0.143‰。这得益于不断完善的俄罗斯水工建筑物法规标准体系等安全管理软件要素。此外，监察监管主体采取的行政手段和经济手段等强监管措施，有助于水工建筑物安全责任主体加大安全生产投入，重视安全生产问题。

（3）俄罗斯南部地区现存大量安全状况堪忧的老旧水工建筑物和无主水工建筑物。近十多年来，约 40% 的水工建筑物事故发生在俄罗斯南部地区南部联邦管区，该地区属于俄罗斯水工建筑物事故高发地。此外，约80%的俄罗斯水工建筑物事故发生在中小型水库大坝，而此类水工工程又属于安全风险值低的第Ⅳ类水工建筑物。俄罗斯"中小型水库大坝事故多发"的现象须引起中国政府及安全监察监管机构的重视，不能够放松对老旧水工建筑物和无主水工建筑物的维护工作与监察监管力度。

（4）近年来，俄罗斯不断重视水资源的综合开发和管理。例如：通过恢复和保护俄罗斯各类水资源设施，合理利用水资源；开发水工建筑物安全监测技术和设备，完善水工建筑物风险评估方法；关注俄罗斯国内高烈度地震区域的水工建筑物安全问题；重视传统爆炸载荷和非传统威胁（如恐怖袭击）环境下，俄罗斯各类水工建筑物的生存问题。

参考文献

[1] ВОЛОСУХИН В А. Сейсмобезопасность напорных гидротехнических сооружений [J]. Научный журнал КубГАУ, 2012, 78(4)：1 – 11.

[2]梁书民，LUND Jay，HUI Rui，等. 基于中美比较视角的中国水资源开发进展[J]. 水利水电科技进展，2016，36(5)：13 – 19.

[3]马福恒，胡江，叶伟. 中国与瑞士大坝安全监控机制比较及启示[J]. 水利水电科技进展，2018，38(5)：32 – 37.

[4]马静，陈涛，申碧峰，等. 水资源利用国内外比较与发展趋势[J]. 水利水电科技进展，2007，27(1)：6 – 13.

[5]庞琼，王士军，倪小荣，等. 世界已建高坝大库统计分析[J]. 水利水电科技进展，2012，32(6)：34 – 37，59.

[6]王正旭，周端庄. 俄罗斯联邦水工建筑物安全法[J]. 水利水电快报，1999，20(9)：14 – 18.

[7]王正旭. 俄罗斯水工建筑物安全管理现状[J]. 水利水电科技进展，2001，21(1)：58 – 61.

[8]Federal State Statistic Service. Russia in figures in the period from 2009 to 2019[R/OL]. [2020 – 10 – 01]. https：//www.gks.ru/folder/210/document/12993.

[9]Federal Environmental, Industrial and Nuclear Supervision Service of Russia. The annual reports of

the Federal Environmental, Industrial and Nuclear Supervision Service of Russia in the period from 2009 to 2019［R/OL］.［2020 – 10 – 01］. http：//www. gosnadzor. ru/public/annual_ reports/.

［10］The Ministry of the Russian Federation for Civil Defence, Emergencies and Elimination of Consequences of Natural Disasters. The annual reports of EMERCOM of Russia in the period from 2009 to 2019［R/OL］.［2020 – 10 – 01］. https：//www. mchs. gov. ru/activities/results.

［11］Концепция Федеральной целевой программы《Развитие водохозяйственного комплекса Российской Федерации в 2012—2020 годах》, утвержденная распоряжением правительства Российской Федерации от 28 июля 2011 г. № 1316.［R/OL］.［2020 – 10 – 01］. http：//old. roscomsys. ru/data/content/content_ files/laws_ comm/rasporyazhenie_ o_ vodohoz. pdf. (Дата обращения – 11. 02. 2016 г.)

［12］ВОЛОСУХИН В А, БОНДАРЕНКО В Л. Факторы, определяющие безопасность гидротехнических сооружений водохозяйственного назначения ［ J］. Наука и Безопасность, 2014, 3(12)：7 – 8.

［13］郑守仁. 我国水库大坝安全问题探讨［J］. 人民长江, 2012, 43(21)：1 – 5.

［14］李宏恩, 盛金保, 何勇军. 近期国际溃坝事件对我国大坝安全管理的警示［J］. 中国水利, 2020(16)：19 – 23, 30.

［15］吴双. 2010 年以来美国溃坝统计与分析［J］. 大坝与安全, 2020(5)：61 – 65.

［16］Временное положение о надзоре за безопасностью гидротехнических сооружений электростанций Утв. Гл. техн. упр. по эксплуатации энергосистем 27/XII 1972 г. и др.［S］. Moscow：Government of the CCCP, 1972.

［17］Federation Council of the Federal Assembly of the Russian Federation (Совет Федерации Федерального Собрания Российской Федерации). Federal law No. 117 – FZ On Safety of Hydraulic Structures［S］. Moscow：Federation Council of the Federal Assembly of the Russian Federation, 1997.

［18］Federation Council of the Federal Assembly of the Russian Federation (Совет Федерации Федерального Собрания Российской Федерации). Federal law No. 116 – FZ On industrial safety of hazardous production facilities［S］. Moscow：Federation Council of the Federal Assembly of the Russian Federation, 1997.

［19］Government of the Russian Federation. Decree No. 401 of the Government of the Russian Federation on the Federal Service for Ecological, Technological and Nuclear Supervision［S］. Moscow：

Government of the Russian Federation，2012.

[20] ВОЛОСУХИН В А，ВОЛОСУХИН Я В. Нормативное，правовое и техническое регулирование в области безопасности гидротехнических сооружений [J]. Гидросооружения，2010 (1)：22 - 30.

[21] ЩУРСКИЙ О М，ПИМЕНОВ В И，ВОЛОСУХИН В А. Проблемы безопасности бесхозяйных гидротехнических сооружений [J]. Промышленная безопасность，2013 (1)：31 - 34.

[22] 徐泽平. 美国密歇根州大坝溃决事件的分析与思考 [J]. 水利水电快报，2020，41 (6)：8 - 14，51.

[23] 贾金生，王莎，郑璀莹，等. 捷克水库大坝、水电工程管理及对我国的启示 [J]. 水力发电学报，2018，37 (7)：98 - 105.

[24] 张建云，杨正华，蒋金平，等. 水库大坝病险和溃坝研究与警示 [M]. 北京：科学出版社，2014：21.

[25] 顾冲时，苏怀智，刘何稚. 大坝服役风险分析与管理研究述评 [J]. 水利学报，2018，49 (1)：26 - 35.

[26] 臧小为，YURTOV E V. 对俄罗斯水工建筑物安全生产及监管现状的思考 [J]. 水利水电科技进展，2021，41 (4)：21 - 28，45.